「懂事」總經理的30個思考

工作不是湯，不能用熬的

謝馨慧———著

台灣奧美集團董事總經理

超級連結的
豐收人生

莊淑芬／台灣WPP集團董事長暨奧美大中華區副董事長

　　如果現代企業有一個稱為首席連結指揮官 Chief Connection Commander 的職稱，就我所認識的奧美人中，同事稱呼 Abby 的本書作者謝馨慧，絕對是數一數二當之無愧的最佳人選；高徒系出名師，那就是曾經在台灣工作、也是她的亞太區公關大老闆美國籍的柯穎德（Scott Krnoick）。

　　就我觀察，他們的共通點——比任何人都設想周到，在事業歷程中超前部署，沿途竭盡所能打造關係網，而且擅長從中結交良師益友。有一次，筆者參加某公家單位的諮詢委員會，女性負責人提及 Abby 之名，回公司後，我轉告當事人

的她，後者莞爾說：「我們兩人相互欣賞」，當時印象深刻，好一句相互欣賞！

此外，不只一次，在正式場合，我有緣見到若干社會知名人士的本尊，禮貌寒暄之餘，他們總不忘補上一句：「我認識你們那位謝馨慧！」頓時之間，公關女神四通八達的超級連結鋪展眼前，也讓我由衷佩服！

說實在，廣結善緣一詞不足以形容在下對上述首席連結指揮官的崇敬之意，他們都可歸類為「膽大包天」的原生物種，置身於前無古人後無來者的場域衝鋒陷陣，無論上天眷顧或後天修為，善於趨吉避凶，各憑本事建立團隊，也打通人際關係的任督二脈，不拘小節展現雄心，更上一層樓。

多年來，我從他們勇往直前的冒險精神，學習甚多；而面對困難不屈不撓的正向心態，讓務實的 Abby 流露一股從做中學的拼搏幹勁，表裏如一對應她心底相信世界上沒有做不到的事。

於是，Abby 再一次迎接挑戰，打開記憶庫，首度對外公開一路向上的奮鬥歷程。本書作者勇敢面對自己的過去、現在和將來，回顧不為人知的心酸故事，解讀一字之差的相關詞義，讚許所見所聞的名人軼事等，同時也毫不藏私地慷慨

獻計，呈現三十個思考面向的問題與答案。

當今之世，人各有志，面對五光十色的職場現狀，你我不一定採取同樣行動，但作者從源自公關思維的專業訓練中所顯示的為人處事之道，值得年輕世代借鏡參考，從中發展自成一格的新觀點和新竅訣。

在我看來，「超級連結人脈，用心經營關係」一直演繹作者的豐收人生，本書就是閃亮的明證。

一位互相
砥礪成長的夥伴

吳琬瑜／天下雜誌總編輯

從我擔任記者到總編輯的工作生涯中，遇見無數公關，但能成為私下交往、互相砥礪的朋友，屈指可數。Abby 是其中之一。

有時接到公關的電話，邀請參加記者會，只是為了達成有重要媒體參加的目標。有的公關陪同採訪對象接受採訪，一直不斷打岔，害怕受訪者說出不適合公關形象的話，控管新聞。

當企業發生事情時，也有公關公司總經理為客戶喬事情、壓新聞，雖然口吻客氣，卻是威脅利誘。正因如此，反而能

看見一位董事總經理的專業，不斷好學，精進知識，懂人情世故，卻保持一顆溫善的心。她不天真，但不必險惡。

我和 Abby 認識得很早。當我是菜鳥記者時，她是菜鳥公關。當年相遇的題目是報導新竹貨運公司，了解仰德集團的二代如何接班。我提出了一個需求，想跟著大貨車司機半夜從台北出貨到新竹貨運場，從司機的眼光了解現代化物流。

一位剛入行的年輕記者想看現場，想讓故事不一樣，而一位年輕的公關努力達成使命。

她懂工作的事，在於不干涉記者專業，幫助記者完成工作。這樣的精神也實踐她後來幫助客戶成功。

十二年內，這位閃著慧黠大眼、飄著波浪長髮、腳踏細高跟鞋的 Abby，去英國留學、和相愛的人結婚，升上奧美董事總經理，讓許多人稱羨。

還記得那天陽光燦爛，我們在書香花園的二樓喝咖啡，樟樹綠影婆娑搖曳，她告訴我：她離婚了，要獨自扶養幼子，父親生病了，要幫忙照顧，升了董事總經理，肩上的擔子更沉重了。

她如此堅毅，不逃避責任，義無反顧地承擔，是因為她懂人生的事，在上天給的難題中，不怨天尤人，反而感恩父

母給她的自由，感恩孩子來到她的生命中。人生曾有失落都成為自傳裡最具生命力的內容。

這本書並不是敘述 Abby 工作生涯的豐功偉業，如何掌舵一個備有完整公關、社群、廣告、行銷的事業體，而是看見一位熱愛工作的專業經理人顛簸成長之路。

職場如道場，這是一本淬鍊待人處事、以終為始的修行書。

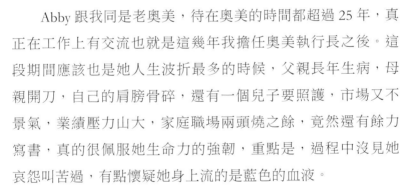

脫胎換骨的
人生成就

李景宏／台灣奧美集團執行長

　　Abby 跟我同是老奧美，待在奧美的時間都超過 25 年，真正在工作上有交流也就是這幾年我擔任奧美執行長之後。這段期間應該也是她人生波折最多的時候，父親長年生病，母親開刀，自己的肩膀骨碎，還有一個兒子要照護，市場又不景氣，業績壓力山大，家庭職場兩頭燒之餘，竟然還有餘力寫書，真的很佩服她生命力的強韌，重點是，過程中沒見她哀怨叫苦過，有點懷疑她身上流的是藍色的血液。

　　這本書寫得很率真誠實，是 Abby 26 年職場生涯積累沈澱的心得結晶，透過這本書可以窺看一個職場女性如何在挫敗

與挑戰中，透過持續的內省與堅強的意志，不斷突破精進，最終脫胎換骨成就自己的過程。對於仍在職場中迷茫、掙扎的人，特別是女性來說，應該讀起來特別有共鳴，並且能從中得到許多啟發，我身為職場老兵，拜讀之後也獲益良多，值得誠心推薦給廣大讀友共享！

一本不能錯過的職場教科書

葉丙成／台大教授／無界塾創辦人

　　每年台灣有好幾萬的年輕人畢業離開校園進入職場，但當中真正準備好面對職場挑戰的人，卻是少之又少。原因出在我們的教育，在學校只教各種領域的專業知識或技能；但在職場上許多重要的關鍵素質與能力，卻少有人教，例如：如何跟主管／同事／下屬溝通、如何處理工作上的負面情緒、如何向上管理、如何面對挫折、如何面對他人主觀的評價……。

　　因為很少老師在教書前有多年的職場工作經驗，所以這種種職場議題，學校無法教。即便少數老師有多年職場工作

經驗，老師也很難將這種種的職場議題，有系統地整理出全方位的心得傳遞給學生。所以每年畢業離開校園的年輕人，雖然即將面對職場的嚴苛挑戰，但其實是沒準備好的。也因此許多人常常工作適應不良，每每做沒兩年就換。這對年輕人的職涯發展是很不利的。

馨慧從大學畢業後便進入職場奮戰，從一開始找不到自己的定位而差點被壓力壓垮的菜鳥時期，到後來創下最年輕擔任台灣奧美總經理的紀錄。身為台灣奧美的董事總經理，她肩上所扛的責任是非常之重的。讓我很意外的是，如此繁忙的她竟然寫了這樣一本書！將自己一路走來的許許多多職場智慧，淬煉成文字，無私地分享給大家。當我看完這本書之後，我發現這本書正是一本我們所有上班族都需要的職場教科書！

在這本書中，馨慧將她這些年來的職場經驗，透過一個個篇章及案例，教會大家如何面對職場上的種種課題。看完這本書，我們將學會如何面對工作上的低潮、如何處理情緒、如何在困境中轉念、如何自我突破、如何找到工作的意義、如何不因為工作而忘了照顧好自己。看完書後，我們更可以了解為什麼她能在工作上能有如此出色的表現？為什麼她在工作上總

能解決許多人無法解決的問題？為什麼主管／同事／下屬都喜歡跟她共事？為什麼她能在工作上找到意義與價值？這本書真的是一本非常難得的職場教科書！

身為一個公司經營者的我，知道要抽出時間寫出這樣一本書，是多麼不容易的！但馨慧跟我說，她希望這本書能幫助更多年輕人，讓他們職涯之路走得更順。我真心地被她的發心感動。更讓我感動的，是馨慧將自己曾經、以及近來遇到的困境，如何勇敢走出來的心路歷程，在書中毫無保留地分享出來。她用自己當例子來讓我們看到，即使看起來非常成功的人，其實也跟你我一樣會遇到人生需要克服的低潮。她的經驗，幫著我們更有勇氣面對職場人生的浮浮沈沈。

這本書的字裡行間，充滿了想幫助你我變得更好的真誠。不僅對年輕人很有幫助，對於在職場奮戰多年的上班族也非常受用，我個人便深受啟發。看了這本書，裡面的許多心法可以幫助你我轉念面對職場，少走許多年的冤枉路。

誠摯地推薦給大家，這是一本上班族都應該要一讀再讀的職場教科書！

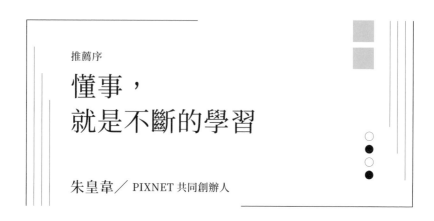

懂事，
就是不斷的學習

朱皇韋／PIXNET 共同創辦人

　　過往從在學校弄 PIXNET，到進入城邦大家庭，後續離開痞客邦，自己再創立公司，每個過程的心路歷程都如同謝董事總經理所提，看到章節時都會回想起自己以前是怎麼做的、人家是怎麼做的，應該要怎麼學習成長（更懂事）。

　　最令我印象深刻的是，內文有提到，已身為公司最高的主管（或是老闆），如果不繼續學習的話，整間公司或整個部門的天花板就是在這了，除了大家會停滯不前外，甚至有機會流失原本有潛力的人才，所以我也堅持即便再忙碌，還是要抽出時間來做專案、寫程式，讓自己持續熱衷在技術領

域這塊。

　　而讓我有這個動力的就是在對於工作的熱情及喜好，進而去開公司、創業來維持自己的夢想。我很佩服謝董事總經理堅持的毅力，期許自己能像她一樣堅持下去，我想這本書除了能推薦給在職場打拼的朋友外，創業者更應該來看看。

有如職場儲思盆的獨立單元劇

簡介福／JUKSY 潮流娛樂集團創辦人

○
●
○
●

　　有許多的電影，並不是拍給當下的觀眾看，而是留給未來的人們思考。會推薦大家可以收藏這本書，也是這樣。現在看可能是一種感覺，未來看，或許會有另一種體悟。

　　不曾想過會有像是獨立單元劇般的職場工具書存在。不確定大家是否有思考過「好學與好玩、氣勢與氣場、放鬆與放縱、專心與專注」之間細微的差異？如同美國「積極思考之父」諾曼・文森特・皮爾（Norman Vincent Peale, 1898-1993）所說："Details determine success or failure.（細節決定成敗）"本書透過每個不同的獨立故事將細節解構說明，囊括了各種

職場心境與狀況，可以說像是工具書般的受用，但又有如隨寫的日記般親切。

在職場上，細節往往是決定成敗的關鍵。作者將數十年的職場所見所聞、心路歷程匯聚出來的寶貴經驗，收整成一篇篇富有意涵的獨立故事。而這三十個故事就像是單元劇般，各自獨立存在著卻又交互影響著。不僅能讓通往「懂事」路上的夥伴們吸收，也能激發位在領導階級「懂事」主管們省思。

在 JUKSY 集團內的各個事業體，數據一直是最重要的核心，透過一次次的推導、測試與驗證，持續地將數據反饋結果，做出優化的行動，便能結出成功的果實。本書透過章節標題的對比，將大家最常搞混的狀態釐清、整理成冊，讓讀者可以依照當下碰到的問題，去挑選其中的章節閱讀，過程中作者就有如好友般與你面對面侃侃而談。

JUKSY 街星能成為亞洲流量最大的潮流娛樂媒體，便是因為我們總是在各個環節不停地進行各種嘗試，必須先不怕失敗才能找出成功路徑，能夠在眾多媒體中脫穎而出的關鍵就是在於細節與驗證（如同前面所提——細節決定成敗。）本文的每一個篇章都採用了對比的方式，生動地描繪了每個

階段職場中的課題。每一個判斷一個念頭，可能字面上僅有一兩字之差，但得到的結果卻是差之千里；每一次細節一個經歷，都會成為我們的壁壘與養分。

在創業過程中，深刻體驗到「除了老闆這個職位，應該很少有其他工作，會強迫你每日去做各式各樣自己不擅長的事情。」但也因此，學習與成長的速度會變得飛快。在看本書時，就像是在看自己的故事，原來大家也都一同思考著如何「懂」公司的「事」、如何「懂」經營的「事」、如何「懂」關係的「事」。

此本職場工具書就像是獨立單元劇一樣，並沒有循規蹈矩地依照時間軸敘事，可依照自身喜好或是當下的情境隨選篇章，作者將自己的過去、現在、未來一次凝聚成精華，在各式各樣的故事中解讀細節，體現出三十個不同面向獨特的觀點，並且收整成富有巧思的章節標題，引人深思。

這些篇章，可以伴隨著我們在職場一路成長。初入職場的時候看，可以揣摩主管的觀點與思考邏輯，學會換位思考；稍微有點資歷後，可以藉此預知即將面臨的挑戰；直到自己也成為「懂事」的大人時，就會有遇到知己般的心有戚戚焉。在過去、現在、未來三個時間點來看相同的篇章，肯定會有

三種不同的感受，就像是哈利波特故事中的儲思盆般，等待大家一同體驗。

　　特別推薦給已經工作過一段時間的夥伴，可以透過本書，站在過去、現在、未來三個不同的時間點鑑往知來。對於職場路上迷惘中的人們，或許能釐清自己的方向；對於已經站在山稜上的人們，能夠繼續走向更高的山峰，看見更美的風景。

從實習生
到「懂事」總經理

別人稱呼我頭銜的方式五花八門，有謝董事、謝總經理、謝董事長、謝經理……不論他們怎樣有創意的誤稱，我都很體諒，因為確實很難從董事總經理（Managing Director）這個字面上理解，這到底是個什麼樣的職位？

後來，我發明了一種化解別人尷尬的有趣解釋：「董事總經理是一個公司營運成敗的總負責人，做得好是應該，做不好是第一個要走路的人。為了要永續我的專長及興趣而不

失業，我必須很「懂事」，因此我定位自己是一位最「懂事」的總經理。

懂公司的事、懂專業的事、懂經營的事、懂客戶的事、懂關係的事、懂人才的事、懂服務的事、懂財務的事、懂情緒的事、懂失敗的事、懂成長的事、懂壓力的事、懂社會的事、懂生命的事……。從暑假實習生開始到今天，工作已滿二十六年，我大概就是在做著並累積學習上述這些事，因為這些事情可以實現自我並圓滿工作、生活。最後，我體悟到，成就感來自不斷的挫折與學習，我可以輸，但不能被打倒。

有一些老生常談的職場觀總說「戲棚下站久了就是你的」，意思是在戲台下站得夠久，等其他人累了撐不下去陸續離開後，你便能持續往前移動，只要你熬得夠久，終能站到戲台前的最佳位置。用這種方式一步步往上爬，看似也是一種「熬出頭」的職場路徑，這種「自己沒有長高，等著別人躺平」的生存策略，其實是很多人的選擇，但如果你在職場打滾夠久，就會知道，好組織終究無法久留這種人，可以留下這類人的也不會是成長型企業。假設你的上位只是因為能幹的人陸續離開，靠著「熬熬待補」升到中高階主管，沒有隨著時間的推演讓自己功力大增，時間會向你證明，沒有

實力，世界會對你多殘酷。況且，「熬」，聽起來一點都不快樂，不是嗎？

工作是一場長期維持供給與需求平衡的遊戲，一旦失衡，不論哪一方，都會生變。既然有供給、有需求，一切就是對價關係。好的對價關係，不只是一份溫飽，還能創造成就感及實現理想。在我透徹了工作的意義之後，找到自我，創造自己喜歡的生命，成為我一生工作的終極目標。正因為我們大多數人一輩子都需要工作很久，所以才更需要深刻思考工作之於自己的關係。尤其如果邁入中年以後，還能有一份熱愛不已的工作，而不是在職涯中日日唉聲嘆氣身不由己，是件半夜都值得起來開香檳慶祝的事情！

我完全相信正在看這本書的你有才華、有想法、有理想、有期許，你非常重視工作也信仰著只要付出就能被看見。當你在深夜裡喝著 red bull 加班趕工，與屬下溝通時不停提醒自己深呼吸到快斷氣，被客戶慘罵仍忍耐像阿信般低聲下氣，跟老闆報告被挑戰質問一萬個為什麼……你有這般努力苦撐期待出人頭地的志氣，但公司在宣布升官調薪的名單時，你卻不在布告欄上，為什麼不是你呢？為什麼工作總是事與願違？難道自己還不夠努力嗎？（我們得到時不見得會謝天，

但沒得到肯定會怨地！）

　　這些困惑，我都捫心自問過，只是後來的領悟，著實花費了我許久的職場歲月。這就是我寫這本書的初衷，我希望分享個人工作以來的「做事、識事後而懂事」的心路歷程。送給各位這樣工作幾年不算生嫩，甚至自我感覺有點老鳥 fu 的你；在工作生活的方方面面，如伙伴溝通、帶 team 教人、老闆期待及升官發財的路上，遇到障礙感覺有點卡關的你；心裡嘀咕抱怨自己的付出跟回報不對等而感受付出不值得，或是在某些選擇的十字路口上徬徨無助的你。

　　在你面對這些重要的轉折時，希望本書中讓我受用一生的工作哲學，能陪伴你左思右想、旁徵博引、自我覺察、提醒雷區、發現盲點，hold 住因一時衝動脫口而出並後悔的那句話或是某個決定。甚至透過書中一些比天賦更加重要的關鍵，幫助你架高眼光，將職涯目標看遠一點，尋找符合自己理念價值觀的環境，融入或創造一個能發揮所長的好工作。更進一步地，充分發揮個人影響力，為員工夥伴打造孕育理想的場域。即便未來面對龐雜煩心的工作時，也能找到「熬」以外的觀點與方法，每天都更聰明、從容一點點。期待假以時日，你能慢慢依著自己的想望和興趣成就美好生活。

懂事之路

轉眼我擔任董事總經理超過十四年，佔了我職涯一半以上的長度。工作之餘自身修習，也已經是國際認證的合格職涯教練。看似亮麗的履歷，職場這條路走來也非一路順遂。

- 高中時，青春期學業成績一敗塗地，當時的我懷疑自己毫無所長沒有未來，身為家中長姐，上無模範領路，只得自個一路摸黑在山洞裡尋找微光，最後培養自己如同像螢火蟲一般，擁有自體發光的能力。

- 在職場，生病離場到敗部復活回原公司，不同原因三進二出奧美，歷時至今滿二十六年，唯一堅持：訓練自己成為一位不停止學習的行銷顧問及專業經理人。

- 工作八年後，從舒適的總監職務選擇留職停薪，跌破眾人眼鏡，遠走英國攻讀碩士，放下頭銜，重作學生，付完學費生活費，

積蓄淨空，心態跟存款同時歸零。

- 碩士畢業重返職場，沒有回頭做擅長的媒體公關，在好奇心及不知足的因子鼓動下，一腳踏入品牌及廣告的半新世界，過著一年半快速成長卻曾經日日懷疑自己的生活。

- 工作的第十二年，三十七歲晉升成為集團內最年輕的總經理(也是唯一實習生背景出身)，隨後幾年變成董事總經理。在另一面向踏入婚姻後離婚，單親，恢復單身，這個失婚女性跟職場女強人的社會刻板印記，尚待被公平翻轉。

- 三年多前，身強體健的母親，照顧慢性病纏身長期洗腎的父親，一夕之間腦部靜脈中風，經歷二十二天加護病房、三次腦部大手術，接過四次病危通知，半年後她終於度過難關，我卻因此身心俱疲，恍神跌倒摔傷右臂，肩膀大脫臼跟骨碎，整隻手臂像蜘蛛腳一樣，翻到背後，扳不回來。急救確診神經壞死三分之二，手臂無力舉起，右手形同廢物。復健電療針灸長達一年，反倒練就能幹多才的左手，拉鍊切菜打字，樣樣難不倒！

回想起來，每每跌入看似絕境的谷底，生命內建的紅色警訊燈

就會響起，我可以選擇放棄並繼續墜下，抑或奮力觸底逆轉爬升，全看自己的選擇。每個困難挫折的大小不一，沮喪情緒的消化時間也不定，我就是個凡人，需要等待自己在甘願時刻，才按下那個修復鍵，啟動毅力與能力，鼓足勇氣，向上攀爬。自我修復沒有捷徑，總要孤單埋頭苦幹一陣子，直到看見改變的小小成果，才能有一點安慰，在那一個暫時安頓的山頭上，喘上那麼一口氣。

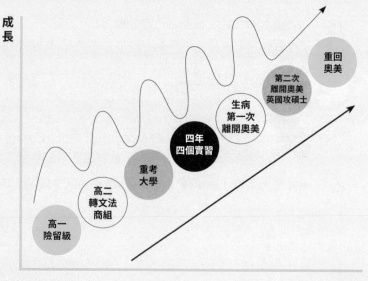

「懂事」總經理的 30 個思考

假設你以為這樣可以永遠停在那個舒適點，那只能抱歉了，不論是人生無法避免的無常，或是環境變數的不可控性、或是自我內心的不滿足，跟隨著時間的往前推進，下一個低點，遲早還是會來臨。這樣的輪迴會一來再來，重複這一低一高，像一條蛇行的道路一般。一路上需要審視的是：

1. 確保這蛇行曲線，每一個低點，都比前一個低點高。同理可證，每一個高點，都比前一個高點高。這是相對性，非絕對性，這樣表示自己是在一條成長並有收穫的上坡路上。

2. 每個人都是獨特的，蛇行弧度不同，高低點不同，速度不同，有人是緩慢上升，有人是絕地反彈，有人低點待的久，有人橫占高處。在逆心的時候，不要老想著為何倒楣的總是我，別人都是好運；而在順意時，也不要過度得意忘形，不作充實及自我準備。

3. 成長曲線若不是往上長，平緩而自然也是一種選擇，舒適而自在過生活，令人羨慕。唯要避免的是，不要

一路往下後退，沒有設停損，再也沒有反彈，最後造成一個遺憾的人生。

　　當我悟出這個「Abby 式 S 形成長爬爬圖」的道理之後，終於感覺坦然而舒適，也明白為何我的字典裡從沒有「僥倖」也沒有「成功」兩字，有的只是無比的感恩及自覺是個幸運之人，因為如果沒有一路上幫助我的朋友及貴人，我不可能走到現在。我常警惕自己，客觀的成功定義是別人給的，更何況看清事實之後，就明瞭今天成功也不代表明天會成功，今天沒名沒利，也不是表示明天不會翻轉。時間在走，無常長在，任何事情沒有絕對，只有相對，除了生死例外。

感謝
也要寫在之前

　　這本書前後寫了三年以上，我幾度覺得要胎死腹中，因為一路寫著，家裡發生劇變，工作挑戰、變化與障礙太多，提筆放筆，業障與藉口也不少，真心感謝時報出版的趙董事長、大梁哥、淑媚對我不離不棄，終為此書催生。更要感謝我的爹娘謝幸男先生，賴素珍女士，一生為一家六口的生計日夜忙碌，他們賜給我的生命看似平凡得像是張普通白紙，卻放手允許我在上面盡情揮灑各種圖樣及顏色，常常畫歪畫

壞畫糊了，自己趕緊偷抹擦掉重來，大多數時候按照自我直覺及意識而剪剪貼貼，拼拼湊湊，渾然自由印象混和雜學派，希望他們對我的生命決定雖有驚嚇也有驚喜。同時，也要謝謝我的三個妹妹一起分擔照顧及奉養父母的責任。最後，我要向謝采翰先生致謝，謝謝老天給我這個機會當他的母親。生下他之後，十五年來，他教給我的功課比我的付出更多，他像是我的一面鏡子，反射出連自己都未曾發現的各種隱藏面貌，讓我無處可逃只能破繭而出，下定決心改變自己，希望成為一個不斷變好、持續更好的我，能負好負起我的責任，養大帶好這麼一位質純善良而才華洋溢的少年。采翰，媽媽永遠支持你，我真的非常愛你！

最後最重要，謝謝奧美這個家庭，「在人、知識、創造力」的家訓下，提供環境機會訓練，允許每一個奧家人成為獨特的自己，我只是其中一個例子。

目錄

Part

2

懂
生
活
的
事

目
錄

目
錄

Part
1

懂
工作的
事

撞牆與爬牆

你是不是真的想要
那片風景？

回想工作，我有幸在剛入行就經歷了一次如七級強震的大撞牆，有了刻骨銘心的慘痛領悟，之後再撞的牆雖沒少過，然而因為已想通並充分從中學習，我能理解如何運用信念及智慧度過撞牆期並再翻轉向上，讓每次撞牆都是再次成長的機會。

　　我在奧美公關至今奧美集團工作滿二十六年，外人看我一路爬升，到現在擔任十四年的董事總經理，看似順利，其實真像電玩打怪一樣，也曾被怪打趴過，一路經歷過很多障礙關卡。印象深刻的一次大卡關，是我大三升大四時在奧美公關實習，大四畢業後回來應徵，希望成為正式員工。當時我擔任實習生時的直屬主管願意用我，但是高層並不同意，

他認為應徵者中不乏好人才，應該優先錄用他們，而不是毫無經驗的大學畢業生。但我的直屬主管沒有放棄，幫我爭取了 AE 公關專員的工作，令我至今感恩在心。初期我感覺還撐得住，但一年以後慢慢就吃力了。一方面工作量大，事情常做不完，二則因為我英文底子不夠好，奧美是外商公司，這一點對我的工作帶來很直接的壓力。再來，我當時的主管群能力很好，工作起來快狠準，有時交代我事情，速度太快或是籠統，而導致我聽不太懂，偏偏不懂又不敢問，每次都硬著頭皮先接下來再想辦法。我「想辦法」的方式是先試再說，做了不對、被指責了就再改，想說總有一次會做對。但事實是，一遍遍重來浪費掉很多時間，產生很多無謂的加班，大大加重自己的負擔。於是惡性循環就出現了：聽不懂→不敢多問→不願求救→怕被戳破→膨風，每件事都接下，然後自我催眠說：我可以我可以。

袋子是破的，我還死命地把東西往裡面猛塞，結果當然是愈漏愈多。最後，我的甲狀腺亢進問題爆發了。

知道我有遺傳性甲狀腺問題，是很後來的事。上述的高壓工作狀態持續了二年左右，我的身體逐漸浮現問題，脖子腫、眼睛腫，類固醇藥物讓我連臉形也變成月亮，身體狀況

相當糟，醫生強烈建議我換一個沒有壓力的工作，好好休養，因為這種跟新陳代謝相關的疾病，不會根治，只能靠自己作息飲食平衡。我很掙扎，曾想轉換工作環境，又捨不得這份得來不易的工作。我是很容易對未來焦慮的個性，加上生病又不敢跟老闆同事說狀況愈來愈差。那段時期，我常被主管退件，不敢開口問，也不敢要求協助，極愛面子，怕被別人認為能力不足，總是一股腦悶著頭瞎做，時間久了人就燃燒殆盡了。一次，我徹夜沒睡做完一個案子，沒想到直屬主管看了一眼就把案子丟回我桌上，冷冷地說：「我再也不要帶妳，妳太笨了！」那個年代，公司電腦不像現在人手一部，而是一個部門只有三部電腦，都集中在電腦室，要使用的人去登記。我拿著被退回的案子走到電腦室最角落的位子修改，忍著眼淚卻不解，我確實喜歡我正在做的這份工作，但無論我如何努力，表現應該都無法好轉了，一股強烈的念頭升起：再堅持也是無謂了，應該是離開的時候吧！沒想到，離職的念頭興起後心情就輕鬆了。我知道這樣下去是做不出什麼成績的，病也不會好，索性先去把身體治好。這時的我，頭腦反而異常清楚。

　　辭掉工作打包回高雄老家，我一鼓作氣，打算來個一不

做二不休，果敢地決定接受手術來處理甲狀腺亢進問題。天公疼憨人，手術前一整天，我的心律不整而且心跳過快，醫生判斷是沒法做手術的，便要我先出院，醫囑我先吃藥，把心律調穩再來開刀。就這樣，我的脖子躲過了那一劫。我改看中醫針灸，那段時間我常騎著高中上學的腳踏車到處去逛、去看醫生、去公園閒晃，繞去小學的校園，一邊思考怎麼貸款出國念書，把英文補好。左腦不斷地追問右腦：妳到底在幹嘛？妳接下來要做什麼？

順利的工作會帶給人意志力和成就感，一旦不順，真的可以把人拋到谷底。二十四、五歲的我什麼都沒有、什麼都不是，家人和朋友也不懂我在做什麼，為什麼放棄好好的大公司不待。我是奧美 AE 階段卡最久的人，一直對著某個我不知道是什麼的東西衝撞，以為只要再用力一點就可以衝過去。在自我認知的象牙塔裡自以為是，我以為只要永不放棄就夠了，勵志書上不都是這樣說的嗎？結果愈撞愈挫折、愈受傷、愈迷惘。

辭職二、三個月後，當初力挺我進奧美的那位主管打電話來，找我回去協助他做一個為期三個月左右的專案。治療之後，我的身體恢復平穩，於是我抱著謝恩的心情回去打工，

沒想到竟一反過去的狀態，工作變順手了，同事也問我：謝馨慧妳怎麼跟以前不一樣了？

　　老實說，我不知道自己哪裡發生了變化。唯一可以推測的，可能是以前的惡性循環積累到變成毒瘤，然而自己沒有察覺，在毒瘤裡怎麼做都不可能對。抽離了一段時間，身心都得到了舒緩，加上再回來時迎接我的是全新的工作狀態：新的客戶、新的專案，又因為是短期幫忙，壓力變小了，先前累積的經驗也還在，可以很快進入情況。那個轉變讓我意識到，無論曾經有多悲慘、多痛苦的過去，一旦徹底放掉它，重新啟動，原先齒輪卡住的地方就會自動消失。三個月後，主管問我願不願意留下來。我感覺自己煥然一新，於是正式留任，展開在奧美的第二段職業生涯，這是我第一次的回鍋經驗。

　　這就叫做歸零後再開始。

　　離開前的艱苦過程就像撞牆，重回奧美則像爬牆。面對一堵牆，你可以選擇爬過去，或是繞過去，不是只能硬撞。不要擔心繞路，繞路也有好處，能看到路上意外的風景。焦急無濟於事，事情不是你的時候，就不會是你的。

　　關鍵在於，能不能看出那堵牆後的風景是你要的，這是

一種穿透未來的能力。你要想辦法練就這門功夫。這整套武功包括了解自己是誰，搞懂自己要什麼、適合什麼，找出方法弄清楚牆後的風景是不是自己要的。如果不是，那就果決地放下，趕快去找適合的路。要不然，就算最後真的花盡時間、力氣把牆撞倒了，也會悵然若失。

如果你能看穿牆後面的那片風景真的是你要的，記得要用最節省力氣、最明智的方式去解決那道牆，不要像我當時用最消耗、最笨的方法。要確保你翻越了牆之後，身體和精神仍能維持在良好的狀態，能夠享受眼前的風景。千萬不要撞得遍體鱗傷，就算攀過了牆也無力欣賞。

同時，要找出通過這堵牆的時候，哪些人、哪些 know-how 可以幫助你。網路上有很多資訊，也很容易找到借鏡。公司裡也不乏有過這類經驗的人，你要放低姿態，學著開口求助，而不是一直在同溫層中厭世、取暖。找到真正能協助你解決問題的人，直接向他請教，就等於尋獲一把開啟牆門的金鑰。

關係與關心 1

一份有溫度的工作，
每一分心力都是關心

記得有一次，我結束了手邊的事情後，中途加入幾個朋友在咖啡廳聚會，那間咖啡廳週末有用餐時間兩小時的限制。我入座後，一位女服務生走過來，說：「請問這位剛剛到達的美麗小姐，想喝什麼呢？」我看著飲料單，聽到她稱我美麗，心想是個好手，她接著說：「需要我推薦嗎？」我想試試她的服務火候，我說：「好啊，妳推薦什麼？」女服務生說：「您的兩位朋友，這位先生喜歡苦味，所以點了經典 A 咖啡，另外這位喜歡和順的口感，所以選 B 咖啡，兩位喝了後都挺滿意的，您可以看看您比較喜歡哪一種口感再做選擇。」她還記得我朋友之前點了什麼，有用心，這不錯，我說：「可是我剛剛到，可以讓我想想再決定嗎？」她說：「沒有問題，

您慢慢想。」

　　朋友們已經待了將近兩小時，若要繼續坐，依照店家規定要再次消費。一般服務生會直接過來說，你們時間到了，幾點要離開，我先幫各位結帳，或是直接將帳單帶過來丟在桌上……大家應該不陌生這種會令人翻白眼的情節吧！但是這位女服務生沒有過來提醒「你們的時間到了喔」、「應該再加點喔」，而是面帶笑容地說：「三位還要喝點什麼嗎？我可以再為你們服務。」我的朋友們聽懂了，要了飲料單，女服務生送上飲料單便轉身離開，讓大家慢慢考慮。但我們顧著聊天，沒有很快做出決定。過了一會兒，她再回來時手上拿著一壺溫水。她一邊幫我們加水，一邊詢問：「我可以來確認你們要再喝點什麼了嗎？剛剛已經喝過咖啡的人要不要點些別的飲料？我們的紅茶也很好……」協助我們每個人再選擇合適的飲品及點心，成功續單。從頭到尾，她用親切體貼的服務，將催促再消費的尷尬化為無形；她順利達成使命，我們也樂於享受她的服務。

　　她之所以能漂亮地完成任務，有幾個關鍵：第一，她給客人選擇的空間，要是客人需要，也能提供貼心的建議。第二，她的推薦是量身訂做的，不是產品導向的推銷。第三，

她言談間自然流露的讚美，能讓客人不覺得是有所求的假意奉承。第四、她的神情很真誠，臉上掛著的不是樣版笑容。也就是說，她懂得服務的藝術，懂得如何用真誠的關心來建立關係。

用關心來建立關係也有各種方式。及時的各式問候，客戶生日祝福的小卡片，共同分享生活中經驗及學習，了解他們的興趣及嗜好，可以規劃工作後的小聚會，咖啡時光，在工作之餘，體現關心。又如奧美會事先為開會客戶或夥伴準備茶水和筆記用紙（在奧美，我們還會準備一枝奧美的鉛筆跟筆記紙），不只從頭銜思考的座位安排等等，都能傳達出體貼的心意。座位的安排除了是儀節、是貼心的展現，也有實際的功用。比如我們到客戶的公司做簡報時，我會先弄清楚客戶的與會最高主管坐哪裡，再根據他座位的視線範圍、觀看 powerpoint 的方向、習慣的視角，來安排相關職掌同事的座位，以確保他舉目所及，都是令他放心的人。

逢年過節我也會送禮給客戶，一年三節。不過我的三節不只是農曆年、端午和中秋，而是父親節、母親節和情人節。父親節、母親節送禮是慰勞，還是一種體貼，體貼對方不僅事業有成，更承擔著為人父的壓力、為人母的兩難，同時也

傳達出一種同理、支持與肯定。這兩個節日通常只屬於家人，所以收到外人的賀卡或禮物時往往很驚喜。但正是這種預料之外、來自合作夥伴的慰問，特別容易給人留下深刻的印象。

至於情人節，則是給單身客戶的問候與祝福。愈來愈多人因為各種原因單身，我們的社會卻沒有為了單身者而制訂的節日（我可不覺得 1111 光棍節是單身者的節日，這是個典型的行銷包裝），甚至，他們還得躲避一年兩次的商業化情人節轟炸。所以我會在這一天為單身的客戶朋友送上小禮物，為他們把自己過得這麼好、這麼優秀而開心，並獻上衷心的祝福。為了避免誤解，我選的禮物會以不誇張、不貴重，能表達心意為主。公關工作者對客戶的服務，本來就包括了真切的關懷。這一點，說是宛如「情人」的關係也不為過。

我喜歡向 A 客戶購買產品，贈送給 B 客戶，再選購 F 客戶的產品送給 A 客戶。在送禮的同時也同時維繫了關係，不會流於公式化。所有基本上選擇都是客戶的產品，我堅信我服務的客戶都是生產好的東西之外，也能幫不同客戶創造小小業績，賣方、收方、送禮方就是我，三方三贏。而且我規定自己及同事們，一定要附上一張手寫卡片。時代愈數位，手寫的東西就愈顯珍貴而溫暖，字美或醜都不是重點，是字

句，是心意，是關心，誠心誠意無可取代的祝福才真心動人。我的服務是一份有溫度的工作，我熱愛這種工作的特質，傳遞無法取代的價值，每一分心力的付出都是利他，希望客戶能因為我們而變得更好，對消費者更有意義，包括創造出更好的業績、打造出更好的品牌，賣出更多商品給消費者，贏得更好的口碑及被推薦。所以，像對自己家人、好友一般對客戶付出獨特恰當的關心，是絕對必修的職涯關係學。

禮貌與禮節

禮貌是態度，
禮節是應對進退的藝術

很多人認為言必稱「請問」是有禮貌，其實那只是基本禮節而已，真正的禮貌是態度。也就是說，「請問」的形式是一定要的，關鍵是之後說什麼、怎麼說，神態如何，以及問題是否具體、語意是否明確。舉例來說，「請問企劃案什麼時候會好？」這樣一句話，可以是客氣的語態，也可以咄咄逼人。在現今這個世界運轉快了好幾十倍數的時代，態度總是藏在細處，讓同樣的事情產生截然不同的結果。

　　另一方面，被問及企劃案什麼時候會好時，如果你回答：「我們會很快提供。」這樣的答覆看起來有善意，但因為缺乏具體的承諾，往往顯得沒有誠意，所以對方一定會再問：「『很快』是多快？」

這次你學乖了，回答：「下星期就會提供。」結果對方仍不滿意，再問：「下星期什麼時候？」最後你承諾：「下星期結束前會提出。」但這時候的承諾反倒給人不確定、拖延敷衍的感覺，容易讓令對方不信任你。比較合宜的應對，是一開始就明確地回覆：「包括記者會的形式、場地、來賓名單、預算，我們都會在下週五提供。」舉一反三、比對方設想得更周延，這樣的態度會讓對方放心，建立信任，而信任感能讓事情順暢地運行。

　　如果對方沒有追問下星期什麼時候，而是簡潔地回說：「好，那請再告訴我。」千萬不要以為這表示你們有默契了，不是的，這代表對方並不放心，還有疑問懸在那裡。

　　此外，雖然約定了星期五提案，如果能稍早一步主動email，讓對方隔天一到公司就收到，甚至提早半天，星期四下午寄出，則能造成驚喜，更快建立信任及信譽，如同為「工作默契」這台機器上了潤滑油。這不是自我苛求，將心比心易地而處，就能明白對方的感受。

　　禮節是什麼？是應對進退的藝術。

　　世界變平之後，人們愈來愈忙，時間消逝得愈來愈快。為了即時溝通，許多人在工作上必須頻繁使用社群媒體，或

召開 con-call（conference call，多方電話會議），卻不一定能掌握使用這些工具的溝通禮節。

開 con-call 時，因為與會人員分散在不同地方，看不到彼此的表情，所以特別需要清楚的溝通方式，尤其是當有一份共同文件要逐頁報告的時候。我的經驗是，會議主持人最好不要一開始就切入議題，而是先從介紹與會者開始，例如：「大家好，我是台北奧美公司謝馨慧，現在除了我之外還有三位在線上，一位是 AAA，代表上海 XXX 公司、負責的工作是 ZZZ，另一位是紐約 SSSS 公司的 BBB，負責的工作是⋯⋯」如此逐一說明。接著，再說明會議流程，以及每個人預計報告的內容。要像廣播節目主持人一樣，讓只聞其聲不見其人的與會者們，都能清楚當下的狀況，以及即將要進入的內容。

同時，在沒有臉部表情可參考的狀況下，不能假設發言者說什麼，其他人都得到完整的理解。事實上，這種時候的誤差經常發生，一個干擾、一秒恍神、一下子沒聽清楚，都可能導致誤解或跟不上進度，所應該每隔五到十分鐘做一次確認。例如：「大家都清楚了嗎？」「可以繼續嗎？」「有疑問嗎？需要停下來討論嗎？」

面對面會議時，通常會尊重發言人，等簡報完畢再統一

提問，這在 con-call 比較難。因為疑惑會干擾思考與後續的理解，所以要即時邀請、鼓勵大家發問。遇到與會者提出挑戰性的質疑時，先複述一遍以確定焦點沒有偏離，也是關鍵的技巧。另外，若 con-call 進行中被身邊的突發事物干擾了，或一時手忙腳亂，及時傳達如「請讓我開一下資料，大概需要兩分鐘」這樣的表述也是滿重要的，可以避免對方誤會。總之，不厭其煩地使用問候語、道謝，在聽不懂、跟不上的時候清楚表達：「我可以問個問題嗎？」這些都能幫助會議順利進行，以免因為沒有看到表情、眼神，不確定對方是同意還是遲疑，而產生誤解或混淆。好的 con-call 禮節能讓溝通到位，讓所有問題都被察覺，得到解決。

在 con-call 中擔任簡報者時，也有許多要注意的細節。經驗不足的報告者常常會說：「現在我們開始。」接著就把第一頁的內容唸完，但換頁時沒有說明，而是直接唸起下一頁的內容，這是假定大家都非常專注地看他唸的每一個字，但事實上，不太可能是這樣。這種時候最好把自己想像成汽車駕訓班的教練或是幼稚園的老師一樣，把每一個步驟都口述出來，耐心地確認所有人都有跟上。這聽起來很簡單，但很多時候會被忽略，以至於會議開完後，大家的想像並不一樣，

衍生出新的困擾。

　　少了「對方的神情」這項重要資訊，在通訊軟體上用文字溝通便存有潛在的危機。所以，無論跟對方的關係如何，傳訊息一開始都應該先問好，就像當面敲敲他的「門」，先詢問可不可以打擾他一下那樣。很多人在 Line 或 Wechat 上會略過這一步，直接丟出一句話希望對方回應，我覺得這樣的期待是不對的。應該像正常的溝通程序，給對方安排自己時間的權利，讓對方回覆現在適不適合進行談話，或什麼時候方便。其次，不要假設對方都知道你要談什麼，要主動提供簡短的「前情提要」。我們經常看到 Line 上的對話語焉不詳，發話者可能因為打字很快，或希望言簡意賅，就發出了單向的訊息，卻忘了看不到對方眼中的疑惑。這些繁瑣的禮節會提高溝通的精緻度，傳達出禮貌的心意。

　　大家都忙，我們經常很急，希望丟出的訊息很快得到回覆，看到訊息被已讀不回就忍不住惱火，不自覺將自己的需求擺在第一位。然而，從對方的角度想想，他可能正在開會，可能正在洗手間，可能正在跟別人講電話……這些都是我們也會遇到狀況。若我們缺少同理心，看到已讀未回就心生不滿，等到對方回覆時，已經怒氣攻心，可能會脫口而出難以

挽回的話，滋生摩擦，對方也更不理解我們的焦急。其實，這種時候我們反而應該給對方多一點空間，主動提出「你方便的時候再回覆我」，或「我某某時候需要知道，可以麻煩你在那之前給我嗎？」讓對方清楚你的目的、需求、緊迫性，會有助於他做判斷與回覆。

「已讀不回」經常挑戰著我們的耐心，尤其是緊急的時候，這一點誰都一樣，我也不例外。但不要忘記，這個時代還是有電話的，遇到緊急、重要的事情時，撥個電話過去，就算找不到人而留話，都比對著已讀不回生悶氣來得好。需要細部溝通的事也請使用電話，只打字往往不足，有時候造成認知差異，雙方都不知道。

除此之外，也要配合對方的個性來選擇溝通工具。他喜歡速戰速決嗎？他是習慣仔細聆聽、安靜閱讀、討厭講電話的人嗎？有些人討厭講電話、討厭通訊軟體，喜歡用 email 把想法完整闡述，或留存成書面記錄，以免有爭議。遇到這樣的人，你即使跟他通了電話也要記得補一份書面的電話討論記錄，讓謹慎的他放心。反之，如果是嫌看 email 麻煩、經常略過不看的對象，一個好方法是定期跟他電話確認。如何因應合作對象的個性，選擇適當的工具主動出擊，是職場很有

用的技巧。

　科技日新月異，然而，「禮貌是在細節處用心，禮節是用心的方式」這樣的本質不會改變；當然，真誠溝通的價值也不會改變。

氣場與氣勢

為達雙贏，
要扭轉氣場，展現氣勢

氣場，很容易跟氣勢混淆，兩者有滿大的差別。氣場是整體的狀態。一個會議會不會成功，往往開場三分鐘就決定了。好的開場或好的破冰，幾乎是讓會議順利進行的保證。

　　常見的情況是，我們遇到規格很大或很陌生的場面時，因為緊張或求好心切，會一直埋頭準備資料，在角落預演台詞，處理電腦設備，但這樣的舉動沒有溫度。專業人士很容易因為刻板包袱，而有一點酷酷冷冷的，在彼此都不熟悉時，尤其感覺有距離。但人與人投不投緣，經常取決於第一印象。關鍵不在於你講話漂不漂亮，行頭有多屬害，而是你能不能很自信地微笑，很真誠地跟對方交流，讓人覺得你有很容易親近的個性。我是那種不看著別人的眼睛就無法講話的人，

總覺得講話時一定要有眼神接觸，就像鏡頭對到焦。眼神對接上了，我才能很自然地說出「你好」，因為我確定自己不是在對著空氣講話。有些年輕朋友會以為這種要求徒具形式，不是的，我真心覺得這很重要。

　　我常常臨危受命，在客戶遇到巨大危機時要提出解決之道，但現在要談的這一題，真是我職涯至今數一數二驚天動地的危機之一，事態嚴重到負面新聞在台灣發生，發酵到全球，被 CNN 報導，客戶亞太區最高主管飛來坐鎮，在當時他們雇用的公關公司確認無法提出確實幫助之後，客戶立即尋求台灣最好的三家顧問公司獻策提議比稿後，再決定更換成為新的危機處理夥伴。因時間極為緊迫，受邀的當時，我們只有兩天時間了解情況、做準備。抵達會議地點時，已經有一組同業的人馬正在會議中。那是令人焦慮的時刻，因為不知道在我前面提案的世界最大的企管顧問公司跟客戶討論了什麼，也不知道接下來跟客戶亞太及菁英開會時要面對什麼。那個情況是，我們沒有與這個客戶長期累積的熟悉度，對危機事件能掌握的資訊也非常有限，而我們直接代表台灣奧美，這個場合我絕不能丟臉。

　　輪到我們了，我們被帶進一間足以容納一百五十人的超

大會議室，裡頭坐著五十多位西裝筆挺的男士，穿插幾位女士，每個人都低著頭小聲討論，冷氣讓偌大的會議空間極像冰庫，氣氛肅穆，根本沒有人理會我們已經到達現場。原本我和我的團隊應該要悄悄默默走進去、按照座位指標坐下，接上電腦跟投影機，等待主持人開口，宣布會議開始。但我做了不一樣的選擇。我打破僵硬的氣氛，從會議室的入口就高聲向與我聯繫的窗口道早安。我的聲音劃破了充塞在會議室裡的凝重與緊繃，他聽到後站起身，過來跟我寒暄，同時為我介紹另一位工作夥伴。

這時，我壓抑著感受到的、可能要面對的尷尬，直直走到那位素未謀面的韓裔美籍的亞太 CEO 面前，硬是直挺挺地把我的手伸出來，自帶酒窩的笑容看著他的眼睛，用英文問候他：「Hi，我是奧美 Abby，我們第一次見面，您好。」接著簡短介紹我自己與我的團隊。對方的注意力被我轉移過來後，他身邊的人也紛紛起身，他也主動向我介紹他們，我們微笑握手交換名片。這樣的舉動，讓我在會議開始前先充分暖身，了解了這次與會成員，初步掌握到誰是關鍵人物、誰是決策者。同時，我自己與團隊的心情也逐漸安定了下來。

會議正式開始，我簡短開場之後，並不直接開始我的報

告，我反客為主提出問題。我說：「在今天簡報開始前，我可不可以先冒昧請問，貴公司今天最想透過我們的簡報了解的三件事是什麼？」原本眼睛專注在投影螢幕上的這位CEO，微微抬起眉頭轉向我，他定神看著我，我注意到他輕輕嘆了一小口氣，接下來一秒，他就滔滔不絕表達他的想法，標準英文整整三分鐘，幾乎沒有換氣，原來這些就是他必須親自飛來台灣，讓他夜不成眠的煩惱，換句話說如果我們團隊能提出解決方法，我們就會贏了這場世紀比稿。接著，我說明大家稍後能在我們的簡報中聽到的重點，將能回應CEO的那些問題，開始團隊的報告。原本有諸多不安的我，透過這樣一來一回，就把場子控住了。

控制氣場，講究的是創造雙贏的局面，所以怎麼管理冷場，管理破冰，管理一個不友善的環境，怎麼傳送你的訊息，要採取哪些主動都是重點。要用不躁進、不惹人厭的方式軟化氣氛，進而掌握主導權，讓氣場順著你要的方向進行。

一個冷酷的、安靜的、無情的或是很理性的場子，往往在添加了一點感性的溫度後，就能扭轉整個事情的結果。關鍵還是在於真誠，所以要善用你的特質。

如果你是個溫暖的人，你可以有溫暖的表達方式。如果

你是理性的人，你也可以展開理性的對話。總之，用你擅長的方式去做。現在也有很多管道能知道客戶的日常，例如臉書或 IG，你可以在不侵犯隱私的前提下看到他下班後去健身，假日帶孩子去華山看展覽，寒假打算帶孩子去日本滑雪等等。這些都是我們在打開彼此話匣子時能夠運用的題材，讓交流變得親切、有溫度感。

有些人會用自己的生活當成破冰的話題，也不會不好，只是要留心，避免讓人誤以為你在炫耀，並且端視對方是否感興趣的程度，適可而止。

而氣勢，是吸引別人關注你的方式。例如參與重要會議時，大老闆往往最後進來，可能前面已經開了數個會議，腦子裡同時轉著幾十件事情。這種時候我不會假設他一進來就能掌握我報告的重點。我會先問他有多少時間，提綱挈領地說明今天會議的議程，要討論哪些事，如何進行，要做出哪些決議，並逐一徵詢老闆的期待值，把他的注意力從遙遠的思緒情境拉回到現場來。說話大聲或態度強硬從來都不是氣勢，反而是你的言語神態、處事方式，讓大家知道你頭腦清楚，你握得住主導權杖，你主導前進的方向，正是老闆要去的方向。如果對於老闆要的方向有不同的意見，那麼要進行

溝通，而不是一味盲從。

　　每個人都應該要有自己的氣勢，那是自信的表現。氣勢展現出你的重要性，讓別人聽你說話。但請注意，氣勢絕對不是強勢。人們總愛把工作成功態度積極的女性描述成「女強人」，我不喜歡這個字眼，好像一切都要強過別人，贏過別人，把別人擊倒，不是這樣的。我是人，而且是一個喜歡工作的人，這樣的人，是男或是女，重要嗎？我感覺，是腦子好不好更重要。

　　只要抬頭挺胸，坦然真誠地展現出自己的樣子，就擁有自己的氣勢。

　　那一次會議結束後隔天，客戶宣布我們贏得了那個世界核彈級的危機處理專案，處理時間長達半年。之後，接續一份長達六年的品牌復原服務計畫的代理商長約！

破題與破冰

初見面的三分鐘
就要讓人喜歡你

職場上常會遇到陌生的人與陌生的場合，好比陌生的客戶、陌生的競爭者，陌生的比稿或拜訪，這種時候能不能一說話就贏得別人的注意，讓人留下好印象，覺得跟你談話很有趣，是很關鍵的起頭。一般來說，開會時提綱挈領的破題方式會很有幫助，能讓你快速抓住大家的注意力，掌控全場。

　　破冰則有幾種狀況：一種狀況是初次見面，彼此都不了解，也沒有信任基礎。二是很久不見，再見面已經生疏甚或有點尷尬，像同學會就是個典型的例子。第三種比較難處理，是已經發生過不愉快或吵架的局面。

　　這些時候應該怎麼做呢？有幾個方法：第一個方法是以自然方法稱讚別人，很俗套卻很管用。比如說我去開會，碰

到第一次見面的女生，打完招呼後我可能說：「哇，妳是天秤座的嗎？」對方說不是，我接著說：「喔？妳不是天秤座，可是妳今天衣服穿搭得很好看耶！」或是會議前收到第一次與會者寄來的提案報告，見面時我會說：「哇，你應該是金牛座？」對方說：「我不是金牛座欸，怎麼了嗎？」我會回答：「哇，那我猜錯了。因為你做的東西很仔細，很清楚，讓我覺得你是個做事很明確實在的人。」這兩個例子中，星座只是一個引信，重點是我想給對方一個溫暖的開始，讓他知道我注意到他的優點。星座是很多人常會討論的、有共通性的話題，用星座起頭可以讓談話變得圓融，避免太突兀或交淺言深。當然，能拿來做引子的不只有星座，美食、旅遊⋯⋯具有廣泛性、容易打開話匣子的題材都可以。

第二種是自我解嘲。有一次，我跟一群年輕女孩開會。我平常戴隱形眼鏡，但因為隱形眼鏡沒有老花的度數，所以即使戴了也有很多東西不太看得清楚。開會那天我身體很不舒服，就沒有戴隱形眼鏡，改戴一般的眼鏡。那群年輕女生看到戴著眼鏡的我很驚訝，說：「妳今天怎麼這個樣子，跟平常不一樣耶。」我開玩笑回應說：「妳們這些年輕人都不知道我們上了年紀人的辛苦，簡報資料印得那麼小，我都看

不見，只好戴起眼鏡來看妳們給我的東西囉。」這群年輕女生聽到都笑開了，沒有覺得我一開始就在指責她們，也不會因為我的位階高於她們而畢恭畢敬，會議能在輕鬆的氣氛中進行。輕鬆的氣氛往往能讓年輕人放心說出真正想說的話，不會瞻前顧後，不用擔心被批評責罵。

　　第三，切記，不要問及隱私。好比說看到某位女性有點年紀，就探問她先生和小孩的情況，這是很不恰當的，說不定她因為各種理由沒有結婚，或者結了婚但有不欲人知的處境，說不定正處於低潮期。又或者，看到假日加班的女性就問她是否單身，這也是很不禮貌的，甚至可能被視為歧視。總之，不要拿年紀、婚姻、孩子這類話題來破冰，那通常收不到好的成果。

　　第四，要注重氛圍。有一種氛圍是空間的，比如我喜歡把首次見面的會議、不是很嚴肅的會議安排在咖啡廳。我常覺得，跟一個人喝三十分鐘咖啡，比在會議室開三十分鐘會議還可能認識一個人，或一個新客戶的陌生拜訪，咖啡的香氣和烏龍茶的香氣有助於舒緩初次見面的陌生與緊張，讓雙方感覺輕鬆，熟絡起來也比較容易。另一種氛圍是自己的穿著打扮，要給人符合身分、符合場合的第一印象。這個第一

印象有時候甚至是唯一印象，因為也許之後很長一段時間不會再見到面。

你的肢體語言也會讓人感覺出，你是期待這次會面，還是興趣缺缺。所以談話時宜身體略略前傾，但不要逼得太近。眼神要專注。我是不看著別人的眼睛就沒辦法說話的人，所以我談話時會專注地看著對方。意見相同時微微點頭，疑惑時提出問題。凡此種種都會釋放出你正在認真聽他說話的訊息，對方會接收到，也會比較容易卸下心防，把真正的想法或計畫告訴你。

除了自己破冰，有些時候我們得幫別人破冰，例如介紹互不相識的兩人認識，或在一群人面前破冰，例如出席一場嚴肅的會議。這都有方法。介紹新朋友時，不只是報上名字、公司和頭銜，最好能說出彼此的交集，好比兩人都是高雄人，都在練瑜伽，或都很會做菜等等。這可以拉近雙方的距離，讓他們從交集切入，輕鬆地交談。

我常把自己當作平台，覺得幫不認識的人們破冰並串聯是美事。我很喜歡把兩個有交集但原本不相識的朋友介紹在一起，擴大彼此的生活圈，延伸人際關係，增廣見聞，說不定還會進一步產生不同程度的合作。

至於破題，是為了討論或做企劃時能夠盡快抓到重點、進入主題。任何一個資深人員都要面對這項挑戰與考驗。通常我問三個問題大概就能得知對方的期待：一、為什麼你會來參加這個會議？二、你今天想從這個會議中得到什麼？雖然有點嚴肅，但這是最快能讓對方開始表達他的心聲，有助於快速達成共識，商議下一步行動的方法。

　　第三個我會問的問題是：我能為你做什麼？透過這個問題來了解對方希望我提供什麼服務或幫助。如果是有信任基礎的會議（而不是談判會議），這三個問題會讓對方快速、直接知道你的果敢、明確、注重效率，通常會帶點驚訝，但同時也開始信任你，因而能暢所欲言。

　　破題之後，就進入議程討論。這時候要注意的是，不要以「我」為主。不是我想得到什麼，而是從對方的角度去設想，他想從這場會議和談話中得到什麼。關鍵在於仔細聆聽，而不是急著搶答或裝聰明沒聽懂就回應。我常遇到的狀況是，代理商雖然用很有禮貌的口氣詢問客戶的需求，但大部分時間都在主觀講述自己覺得該怎麼做，而不是問對的問題後，仔細傾聽客戶的回答，從中獲得更多又有用的訊息。會議是交換意見，全盤思考，形成共識，而不是一味地說服對方、

壓倒對方。最後做結論時也要記得徵詢對方，是否認同你的結論，以免事後才說出不同的意見，讓整件事得重來一次。

　　破冰建立好氣氛，破題聊出好內容，互相搭配，絕無冷場。

把事做對
與
做對的事

工作不是現實，
只是務實

○
○
○
○

2018 年 10 月，我收到通知，台灣奧美公關的作品入圍了中國艾菲獎（Effie Awards）的三個獎項，令我特別激動，久久不已。別誤會，自古以來，台灣奧美公關所獲得過的世界、亞太、台灣區的公關獎項無數，得獎確實不是新聞，因為我們在公關領域裡一直自我鞭策精進，沒敢一刻鬆懈。不同的是，這個中國艾菲獎在整個奧美公關的歷史上，是一個全新的里程碑，因為這不是一個鼓勵彰顯典型公關領域專業的獎項。艾菲獎認可並表彰所有有助於品牌成功的行銷模式。只要實效得到驗證，任何行銷傳播媒介所詮釋的創意都可以角逐，換句話說，是品牌行銷全傳播競賽的世界級戰場，也是台灣奧美公關第一次與台灣奧美廣告及其他世界級的優秀數

位或廣告公司站上同一個舞台上。當知道我們會以三項入圍參與這場盛會的瞬間,內心百感交集,激動難以言喻。因為這個入圍對我唯一而重要的意義是:奧美公關終於打敗自己,成功轉型,其中歷經了整整三年的打掉重練。

2018 年,也是我們推動公司三年轉型計畫期滿的這一年。2016 年,我們制訂了為期三年的公司轉型計畫,那是個非常困難的決定,因為從 2006 年與我同事一起擔任奧美公關雙總經理的後十年之內,我們年年成長,就財務及成果表現來說,我們是一間運作相當成功的公司,在公關本業佔有一席之地,業績可觀,服務的客戶很穩定,也有長期培育的人才。也就是說,當時公司只要循規蹈矩,就能做到很不錯的年度業績。

但同一時間裡,社群與科技的結合,顛覆了許多過去慣常的思維。客戶來找我們時,從原本依賴我們的專長,到詢問我們還能做什麼不一樣的事。廣告載體從原本的平面,先被網路取代,之後又被手機取代。人才往數位公司、網路社群公司流動。這些跡象有愈演愈烈的趨勢。消費者不再需要傳統的「公關」、「廣告」,他們有興趣的是互動,是資訊,是內容,是趣味化與生活感。凡此種種讓我在 2014 到 2015 年底陷入高度焦慮,我感覺公司如果沒有迎上這波浪潮,後

果會是嚴重的。而大象轉身的速度緩慢，大公司轉型也需要時間，於是我們啟動了三年計畫，將奧美公關轉型為「內容360/Content 360」的公司。

公關人員一向比較左腦思考，但是好的內容 Content 需要更多用視覺影像文字說故事的專業及能力，能做這個專業的人種非傳統公關人才，而是廣告及數位的創意人員，而公司當時的人才配備裡，缺乏這種兵種，他們關注的是消費者的情感、情緒與品牌、產品的連結，擅長戲劇性說故事的方法；公關人則注重說理與品牌功能性訊息。所以轉型的第一步，是將創意與數位人才納入原本的團隊中，讓這兩類專才跨界合作。這在公司內是跨度很大，也沒有前例的一步。第二步則是相當痛苦的決定：以合情合理合法的程序，置換不同專長但公司轉型需要的人才。

三年計畫走到第二年，也就是 2017 年，是我經營公司以來可稱最艱苦的一年。一方面，人才置換讓我的內心深陷於煎熬之中，情感負擔很重，必須不斷溝通，也要預防各種橫生的效應及財務平衡管理，常常心力交瘁。

此外，公關公司要聘請到優秀的資深創意人才實在難度很高，因為這裡不是他們熟悉長袖善舞的場域，後台資源又

不夠。當我終於找到理想中的執行創意總監時，又出現他與公司同事初期互動都適應不良的狀況。創意人員擅長篩選眾多資訊，在精準的創意訊息 "what to say" 下，從中打磨出最銳利的創意出擊點，就是重要的 "how to say"。但公關人員擅長的是將資訊作多角化的延展，拉撐出符合各媒體需要的訊息切角及面向，雙方的工作語言與行事風格截然不同，必須增加教育及溝通，三天兩頭挺容易吵架。大家必須磨合出新的工作方式，這是充滿風險的默契考驗。

公司內部感覺像個一觸即發的壓力鍋，但市場的考驗不曾稍停。這一年，公司的目標業績首度需要微幅下修，令總公司非常緊張，我也常警告自己，這次革命只准成功不准失敗，夜半常驚醒，這使命必達的壓力是我的背後惡靈，三不五時就會出現，即使我已經努力在管理我的情緒，但畢竟對公司的財務及管理責任是有明確 KPI 的，不能失敗，特別在我過去十四年的總經理／董事總經理的職位上，年年都達標或是超標的狀況下，萬一不成功，我也做了最壞的打算。堅定信念，每天自己給自己講話打氣鼓勵，就全心全力地豁出去，因為改變的過程就必須包容，必須忍耐，必須衝突，必須重建，必須整合，更必須看到成果，信任基礎來自於每次

的承諾都能實現。

得知入圍中國艾菲獎的那個晚上，我一個人在當晚夜裡流淚不止。回想這一路走來，從一開始我就非常清楚明白這條路會非常辛苦，很多人會不了解，會懷疑困惑，會不以為然，但這就是過程，從一開始，我就已經預見這登山過程的崎嶇坎坷及不可控的大小困難，我相信所有衝突與掙扎都是公司成長的養分，但如果不走一趟，去尋找新的乳酪，公司不會成功轉型，我們眼前的路走不寬擴不大，無法再成為更棒的組織。

當時間來到 2018 年，前年奧美集團有更大的調整 "OneOgilvy"，新執行長 Daniel 相當大器及方向正確的改革並開放全台最豐富的集團策略及創意後台讓我們配合客戶生意需求運籌使用，也是為什麼我的 Cell 客戶作品可以得中國艾菲等國際創意及績效大獎的主要原因。台灣奧美由過去的分工服務，整合以客戶生意議題為核心，為全方位提供客戶解決之道，讓品牌更有意義，這與四年前奧美公關開始推動的數位內容轉型策略不謀而合，讓我更加確定當初的決定是正確的，因為這個巧合，我們比集團提早兩年就啟動了 OneOgilvy。

如果決定做對了，成果就會在業績上顯現出來，2019 年，也就是去年，我們部門的業績預期將來到新高點。客戶類型走出傳統公關範疇，跨足廣告、社群與數位互動，提供全面化的服務。未來計畫發揮公關「擴大影響力」的核心精神，承辦各類大型活動。

　　在舊模式裡，我的同事們每天兢兢業業，努力把事情做對，他們的付出讓公司擁有榮景。但當趨勢轉向，新潮流像大浪湧來時，領導者只讓大家繼續做以往成功的事情，這樣是不夠的。當這樣的時刻來到，領導者有責任先釐清：什麼是此刻正確的方向。

　　企業轉型能否成功，固然方向正確與否很重要，然而多半的失敗，都來自內部人員心態無法扭轉，所以千萬不要低估心態轉換所需要耗費的時間及溝通心力，這是關鍵，也是轉型過程中正確的事。

　　正確的策略及行動就像導航，引領我們前往計畫中的應許之地。在正確目標之下，不空談不澎風，每一步把事情做對的戮力以赴，才能帶來真實的績效表現。

道歉與道謝

對的時候勇敢的表達
總能減少未來一些遺憾

2015、16 年間，奧美廣告的夥伴為遠傳電信做了一系列「開口說愛」的廣告，為這個高度競價的行業注入品牌價值的新活水。

這系列廣告當時引發很大的震撼，因為它對焦到台灣人普遍存在的糾結——我們對於愛的人總是尷尬於說愛，尷尬於表達真正的心意。因此，提醒大家說愛要及時。

拍攝時，導演一開始請演員表演打電話回家報平安，演員熟練自在地完成了任務。接下來，導演請大家真的打電話給自己的父母，對著父母把剛剛的指令重現一遍。這時，大部分演員的第一反應是推辭，經過導演再三慫恿，演員們才一一拿起電話，略顯生澀地對父母表達問候，聊起感念或感

謝、抱歉與愧疚，到最後真情流露。

因為真實，所以動人。這系列廣告因為點出了人心中最深層的弱點及情感，獲得很大的迴響。

除了要鼓起勇氣開口說愛，真心誠意說謝謝跟對不起也是好重要的。

我是個很不喜歡欠人情的人，所以養成很喜歡說謝謝的習慣，但即便如此，有些時候我也做不到及時道謝。好比每天一起工作的重要夥伴，因為太頻繁接觸、太忙碌，往往到他要離職了，我們才真正把滿心的感動與感謝，透過歡送會、溫馨氣氛，透過禮物與卡片來傳達給他。我常想：如果早一點道謝，這個人會不會就不會離開？這種時候才表達，豈不是暗示他的重要性要直到分手才被看到聽到嗎？又或者我們是間接鼓勵同仁離開嗎？同仁所有的辛苦與價值，要等到離職那天才得到回饋，他們會不會自艾不被重視，原來自己平常只是一部為賺取酬勞而運轉的工作機器嗎？

若真如此，就為時太晚。

因為有這層體認，我更加熱衷道謝了。除了口頭之外，在社群對話媒體上的對話，也常以謝謝或類似的貼圖表達謝意；得到提案機會時，我會向給我機會的人致謝，無論口頭、

Email、傳訊息，或寫張小卡片。一個案子趕完了，無論做得夠不夠好，我會由衷感謝負責的同事，因為他沒有擺爛，因為他與這個案子共同奮戰到最後。同時，我並不把「辛苦了」、「謝謝你」當成口頭禪，我會提醒自己要有同理心，真切去感受同事的付出，真心向他們致謝。每一年年終業績達成時，我都會有一長串名單要感謝，謝謝老天幫忙，謝謝客戶，謝謝老闆，謝謝團隊，謝謝夥伴……缺了哪一塊，我都享有不了這個成果，這不是我一個人的成就。

當我愈投入感謝，我發現自己變得愈來愈心平氣和，看世界的眼光也愈漸寬容。別人協助我，我也協助別人，彼此是在「共好」的機制下運轉。這讓我無論多忙、無論遇到什麼困難，內心都有一塊地方是豐足的。

道謝要及時之外，道歉也要及時，而道歉比道謝更難。我們時不時會在新聞上看到公共設施出狀況，危及民眾人身安全時，主責單位出面召開記者會道歉，但說了半天卻是滿滿的推諉之詞、模糊語句，讓民眾感受不到一絲誠意。這裡面有（組織的）面子的問題，有擔當的問題，或有攸關個人或一群人仕途利益的問題。

我對此總是很感嘆。道歉的首要關鍵是讓對方感受到你

的歉疚與誠心，而不是計算好說詞，以便一開口就得到原諒。在我的行業，有時候工作者會用包裝過的語態，去文飾一個不夠好的判斷，或不夠好的創意，希望客戶的批評能就此平息。這差不多是這行的潛規則。然而，我經常會想，在這樣的過程中，我們的反省是什麼呢？我們也許應該擁抱正確及清明的心態，細看清楚自己的優點與缺點，針對缺點設法改進，同時，好好地對客戶說一句抱歉呢？

我以前比較不勇敢，這十幾年來，我變得比較坦誠，如果真的做得不（夠）好，我會誠實向客戶道歉。因為我發現，狡辯的態度往往得付出更大的代價。當你沒有一次把事情做對，又沒有誠實以告，而是硬提一個不 OK 的計畫覺得可以蒙混過關，後面總是得花更多力氣去彌補，因為一定會被識破，客戶並不愚蠢。一旦識破了，破裂的還包括客戶對你的信任。沒有任何長久的生意能建立在彼此不夠信任的基礎之上。

所以，這幾年我在確認同事準備提出的計畫時，如果期限將屆但內容仍不夠好，我都會攔下來，因為這不只是一份作業，還是一份團隊的聲譽。我會把責任扛起來，向客戶多爭取一些時間，把案子改到滿意再出手。

誠實永遠是上策。客戶一開始聽到要延後提案，絕對是不開心的，若聽到延後提案的緣由還是東拉西扯的理由，他們的感受肯定加倍不好，更懷疑你們的能力與心態。所以，我選擇一開始就主動告訴客戶，延後的原因是我們的案子還不夠好，我們還需要多少時間，以強化哪一個具體的面向，之後，我們會提交出對得起客戶的計畫。

我用誠實的態度破除客戶會有的懷疑，維繫了與客戶的關係。我們與客戶的關係，建立在我們願意提供最好的，而客戶也相信我們會提供最好的，這讓時間與價格變得稍微次要。所以及時的道歉就像 magic words，是有重要價值的。

但更多、更難的道歉來自對朋友、對親人。基於保守的民族個性，看著對方的眼睛道歉有時候顯得困難，我也不例外。於是這些年我會透過一些方法，例如小事情用 Line 傳達歉意，重大一點的，手寫卡片鄭重地說對不起。盡量每一天結束前，該道的謝、該道的歉都要道完，不要拖欠。不要讓道歉和道謝這兩件非常重要的人生功課一天拖過一天，不要到了生命終結的那一刻才驚覺為時已晚，帶著沉重的心理包袱閉上眼睛，成為未來無法彌補的遺憾。

最後，我覺得最該好好說謝謝跟對不起的人，其實是自

己。對有時沒有好好吃飯，缺乏足夠的運動，靜不下心來讀完一本書，過度的加班或是錯過一場好電影等等，要好好跟自己說，下次一定不要再犧牲自己的快樂或是休息，甚或健康。而及時謝謝自己也是一個重要的睡前功課，謝謝好棒的自己一整天的辛勞，處理好多的難題，也可能是熱心的幫助別人，完成一個絕佳的提案，讓自己元氣滿滿，對明天充滿信心與能量。

談判
與
對話

一心在談判中只想贏的人
多半贏不了

○
○
○
○

　　我曾應邀出席一場研討會，探討的主題是：女性在談判上是否較有優勢？

　　有人站在贊同的一方，認為女性自然展現的眉目流轉或是穿著打扮有助於取得談判優勢，例如議價時，女性比較容易談到好價錢，所以鼓勵女性善用自己的優勢。於是我開始回想，我是否也在工作上運用了這樣的特質？細想之後不禁莞爾。

　　在我的工作場域，百分之六十到七十的工作者都是女性，包括同儕、上司、部屬，所以我們之間要談加薪、談工作分配，誰都沒有優勢，女性柔軟、嫵媚的那一套完全派不上用場。那客戶呢？我的客戶百分之七十也是女性，我的裙子穿長穿

短，可是一點作用都沒有，都是枉然。我發現，在我的工作領域，身為女性還真沒有一點可以佔便宜的地方。

那麼，我這個專業工作者、職場女性，到底是用什麼角度、什麼方式來看待談判呢？

很多技巧都可以增進自己的談判優勢，也有許多書籍可以參考，包括肢體語言、主客場優勢的掌握、語氣內容的推進等等。但若限定在男性與女性的談判差異的話，我會思考女性可以比幹練的男性在談判上「多一點」什麼，讓結果變得不同。

在開始談判之先，我們可以多創造一點氛圍。好比留心會議室的氣溫，有些會議室冷氣無論怎麼調都很強，細心的女性就會避開這樣的空間，一來避免會議氣氛冷冰冰而沒有人味，再者也避免自己因為太冷而腦筋僵硬，影響思路。其次，帶有笑容的女性總是能改變空間的氣氛，讓生硬、緊張的局面變得柔軟，所以笑容很重要。第三，咖啡的香氣也有助於舒緩會議氣氛，無論喝或不喝的人都能感受得到。第四，除了很正式、必須穿著較正式藍或黑色的場合外，女性可以視情況穿著較中性色、淡色、柔色系的衣服。衣裝的訣竅真的不在於胸口多低、裙子多短、妝髮多美，而在於凸顯個人

特色，而且得體。能在大家的第一眼中留下深刻印象，你就站穩了第一步。

其次，女性比男性更具有同理心，不要忘記運用這一點。我的經驗是，一心只想在談判中當單方面贏家的人多半贏不了。所以我通常會在過程中花多一點時間了解對方想要什麼，聽出話語背後的關鍵，多問一點問題，多一點討論。感覺上在談判，其實是在對話。

立場衝突的時候，如果你馬上拿出合約，指責罪狀，表達不滿、負面感受、個人立場，非常容易讓氣氛變僵，變得互不相讓起來。所以我會先設身處地。我讓自己先去理解對方，從對方的立場去思考就會發現，他會有那些想法是合理的。我會表達了解，這往往能讓對方平靜下來，轉而聆聽你要說的話。這很關鍵。

以及，多一點肯定。我的工作基本上是透過讚美、包裝客戶的公司及產品來獲致成功，所以我總會提醒自己正面思考，無論對方多難搞，總有優點，我一定要想辦法把對方的優點找出來。只要找出一項就好，找出來後將之放大。透過肯定對方，縮短雙方的距離鴻溝。這裡的肯定不能是空泛的，後面必須跟隨具體的事實，否則會流於客套的場面話，失去

誠意。

　　然後，多花一點心思，從無形處淡化對立。一般商務性談判，我都希望座位安排不是楚河漢界式的。我會不著痕跡地讓客戶那一側坐有我公司的同仁，在我這一側也保留一些座位給對方團隊的成員，相互錯落。或使用圓桌，並肩而坐能讓彼此對立的感覺淡化。也可以將座位安排成 L 型，不一定要面面相對。這些細微的心思都不能說破，卻能有效帶動氣氛，讓談判以較平和的方式展開。

　　萬一事態嚴重，真的談到很僵、氣氛很不好的話，千萬不要急著在這種時刻做結論，要創造 nature break，比如上個洗手間，也許有人需要去抽根菸，或者請同事送上簡單的茶點。這種不喊暫停的自然暫停法，可以避免氣氛惡化，談判破局。破局是最要避免的事，因為那表示再無轉圜之地。稍微中斷幾分鐘，讓會場的負能量消融一下，讓局面和思路都恢復一點彈性，就可能出現契機，讓協談往好的方向前進。

　　還要記得預留空間。人都有好勝、逞強的本能欲望，想在談判當下表現自己是可以做決定的那個人。可是，我們通常無法在當下確保做出決定一定是最好的。這種時候我會為自己留一點空間，也許當下明明我就是做可以決定的人，我

還是會在會議上説需要向上司報告，請對方給我一點時間再回覆，也要預留退讓的空間。

二十幾年的經驗下來，很少遇到一拍即合的談判。多半是了解彼此的差距，又不想失去對方，於是開始尋求 Plan C，最後成局的也往往是這個先前沒想過的第三方案。所以，洽談者要打開心胸和腦袋，擁抱多一點可能性。大家總説合作要建立在雙贏的基礎上，我認為「雙贏」（win-win）會出現的時刻，正是「共創」（co-creation）的時刻。

「what if」是共創的方式，我理解你的考量，你也理解我的需求，那麼，「如果 XXXX，會不會更好？」「如果 YYYY，會不會更能兼顧雙方想要達成的目標？」從「如果……會不會……」這樣的設問出發，不設限地聆聽，有開放性、有創造力地思考，就會找到可以解決問題的雙贏方式，甚至推演出預料之外的新展望。而這當中的關鍵，便是真誠的對話。

利益是天經地義的，不要因為利益考量而覺得受傷，談判本來就是為了拿到想要的，包括利益的交換。但謀求利益跟真誠對話的本質並不衝突，甚至，優質的對話是達成這一切的絕佳工具。

真誠地傾聽，真誠地思考，真誠地理解，找出做決策的人、找出核心的事，找出關鍵之物，忘記自己的性別，找出共同解決的方法。

　　但最好的談判結果不是談判桌上發生的，而是事後的following up，把會議桌上的承諾明確地條列下來，感謝對方提供理性、深入的對話機會。在後續的執行中，一定要確實實踐當初的承諾。如果有辦法做得比承諾更多、更完善、更細緻，確認預期結果都達成，將能建構對方的信任，讓下一次會議更有效率，無形中也確保了雙方長遠的合作關係。

效率
與
效能

只要是心想做的事情，
就不會被拖延

我常常跟資淺同事說，時間是愈用愈多的。他們都常覺得不解。這是如何管理工作效率及效能的問題。因為要談效能，這篇就例外一下，用有效率的條列式，整理幾項我認為可以在辦公室捕捉效率、創造效能的招式。

　　一、剛當上主管的人經常會有這樣的迷思：等我把下屬教會，天都黑了，乾脆自己來做比較快，也做得比較好，於是永遠親上火線，單兵作業。但其實這是在剝奪下屬學習的機會，除了把自己累死，對個人、對團隊都沒有好處，既沒有效率，也不能創造效能。反之，花些時間訓練下屬，讓他們成為你的臂膀，同時也是在形塑團隊的共識與文化，讓你

帶領的群體可以承擔更重大的任務，做好更多事。

二、主管太晚給任務，最後一刻才說要做，這種最要不得。因為大家都忙，要大家臨時煞住各自正在駕駛的車，匆忙換位去啟動另一輛車，很容易讓團隊陷入混亂。而在時間不夠的情況下，想做出好成果幾乎只能憑運氣。最後一分鐘才想到要做什麼，是主管欠缺自律，讓下屬瞎忙往往只能換到不好的成果，變成全輸的局面。這對效率與效能當然是一大打擊，所以千萬要避免。

三、主管交代工作時含糊不清，這也是造成時間浪費、人力浪費，同時打擊團隊士氣的一大原因。事實是，沒有人天生是別人肚子裡的蛔蟲，所以交代工作時一定要具體，具體的內容、具體的目標、具體的做法，讓部屬有所依循。

四、主管很願意說明工作，卻講得冗雜，抓不到重點，讓下屬一頭霧水，這也是大忌。說明任務時，必須要去蕪存菁，把重要的事情列清楚。主管頭腦清楚，團隊做事就會條理分明，所以主管必須先訓練自己。

五、避免為了幫別人忙而延誤自己的時程。在飛機上戴氧氣罩時，要先罩好自己再照顧別人，工作也是一樣。我們往往因為怕破壞關係而不敢拒絕，但弔詭的是，在關鍵時刻不說 NO，戮力以赴的結果卻可能導致信用破產。拒絕是有技巧的，優質的說「不」具有積極的力量。例如告訴客戶這不是你的專長，某某人可以做得更好，徵求同意後為之引薦。或者，清楚說明提供協助的所需配套，好比需要多少時間，需要哪些支援，讓人感覺你不是推託，是有誠意想協助他完成工作。有勇無謀地先做再說，或一味說好不敢反應真實情況，都是會導致後患的行為。

另一方面，要麻煩別人時也要有禮貌，要先詢問對方是否有時間。不能一廂情願地把事情賴給他人，或藉口說這件事很快，你先幫我弄五分鐘等等，這樣只會惹人討厭。

六、科技很多時候是助手，但也有很多時候不是。有些事撥一通電話，五分鐘就溝通完成，你傳 Line，來來回回卻花掉一小時。或者在網路上查資料，本來只需要兩分鐘，卻因為旁邊的推薦連結而分心，浪費了半小時。又或者，一有什麼事就趕快傳 Line 給對方，認為對方看到就可以立即回應，

這樣可以增加效率，但白天 Line 晚上也 Line，干擾了對方的生活也不自知，很可能無形中破壞了彼此的關係，事後還要解釋或道歉，反而得花更多時間去處理衍生的問題。

七、減少無用的會議，con-call 能夠解決的就不一定要碰面，視訊會議能夠做到的，就不一定要出差。

八、約開會時，不只要說幾點開始，也要明訂幾點結束，這樣能方便與會人士安排後續的時間，也能約束自己，讓會議有效率地進行。

九、用「緊急度」與「重要性」區分出的四個象限來檢查自己的時間使用情況，這四個象限分別是：「緊急＆重要」、「緊急＆不重要」、「不緊急＆不重要」、「不緊急＆重要」。「緊急＆重要」與「不緊急＆不重要」都容易判別、因應，在此就不提。「緊急＆不重要」是時間管理中最需要對付的問題：我是不是經常在做緊急但不重要的事？「想做」和「該做」的有沒有先完成？如果確實已經馬不停蹄還是做不完，那你應該跟主管談一談，找出問題的癥結，或尋求主管協助，

不要讓其他人偷走你的時間。

十、瑣碎的事要選擇有效率的方式，一次解決。例如每個月要繳交水費、電費、瓦斯費等，就算住家樓下有便利商店仍可能忘記，而忘記繳費的後果更麻煩。像這樣的瑣事，就應該抽一點時間一次辦好自動扣繳，省下後續的時間與心力。

做這麼多時間管理只有兩個重要的目的：一是能更有效率地處理掉緊急但不重要的事。這類事情處理起來所花的時間愈少，能處理的事項就愈多，熟練的速度愈快，自己的戰力就愈能升級。二是花在緊急但不重要的事情上的時間愈少，就愈有餘力去處理真正重要的事，在重要的事情上展現能力，獲得擢升的機會，擁有更大的舞台。瑣事纏身是一種消耗，連帶也會影響身心健康，怠慢了人際關係，削減生活品質。

人生也有不緊急但重要的事，這種事最容易被拖延。我們知道應該要做，但始終任念頭載浮載沉，遲遲沒有行動，因為沒有燃眉之急。這種事短期來看做與不做好像沒差，做了會帶來的美好彷彿很虛幻，但它仍有時機性。不預先做準備，等哪一天從「緊急＆重要」與「緊急＆不重要」中抬起

頭時，有可能就來不及了。

你是否一直想把英文學好？一直想回學校念書？一直想開始慢跑？一直想進行健康飲食？一直想早睡早起？一直想每天心無旁鶩地陪伴孩子、家人兩小時？一直想寫作？一直想去遙遠異地自助旅行？甚或，一直想辭去目前穩定甚至高薪的工作，試著往夢想前進？

要實踐「不緊急＆重要」的事需要遠見與決心。清楚看到做到之後的益處，體認到那樣的益處對自己的重要性，能改變自己，煥然一新，這是遠見。要在已然忙碌的行程中加進未雨綢繆的計畫，勢必要調整現有時間，這會帶來新的壓力，有新的挫折或打擊要面對，度過這些要靠決心，用時間換取美好的決心。

這些事做起來慢，好像沒有效率，但有計畫地去做，效能會在未來展現。

　　　　　　　　　　　　　「懂事」總經理的 30 個思考

選擇與選項

抱歉，
沒有能力的人只能被選擇

我小時候很少過生日，一是因為家裡有四個小孩，家裡支出需要精算節省；另外是我的農曆生日是中秋節的隔天，農曆八月十六日，通常這時家裡還會剩下一些月餅跟柚子，媽媽就會說：不需要買蛋糕了，吃月餅慶生就好了，反正都長得圓圓的，都一樣。了解媽媽是要省錢買米買菜，我索性也不再吵著要過生日了，洋娃娃這種禮物當然一個也沒收過。到後來長大上了班，在外商的環境，同事生日變成一個重要聚餐的理由，才開始有參加生日 party 的經驗。我很喜歡慶祝朋友的生日，但面對慶祝自己生日這種場合，我到今天都還會感覺手足無措，常常想逃跑，我知道這很令人難以相信，但這絕對是真的。

　　　　　　　　　　　　「懂事」總經理的 30 個思考

話雖如此，我仍有深深的感謝要獻給我的得力工作夥伴們。在每年十月我的生日時分，他們都會背地裡準備一份很有意義的禮物。這份禮物不貴重，甚至花不了什麼錢，但令我備感珍貴而感激，變成一個我給自己一年打一次「帶心」成績單的特殊時刻。他們會幫我準備一張巨大的生日卡片，每一位同事親筆寫上給我的話語與生日祝福。我很重視卡片上的字字句句，因為那宛如我過去一年跟他們相處的成績單。

　　去年的卡片上，我看到一些對我特別有意義的句子：
　　・不管是道早安，或遇到問題時給我們建議，妳總是面帶微笑，很溫暖地在我們身邊。
　　・遇到狀況時，妳總是會幫我們解決問題。
　　・妳的帶領讓我們很放心，妳會在前方開路，帶著大家一起直往前。

　　這對我是非常大的鼓舞。我已經累積了十多張這樣的卡片，每一年的卡片我都留存在辦公室，在輸掉比稿或是身心疲累的時候，當作大力水手的菠菜來食用。各式各樣造型的生日卡片，不盡相同的留言夥伴們，但卡片裡的肯定有些是

一致的，這帶給我肯定自己的信心，往往讓我在生日夜當晚自省時，感觸很深地落下眼淚來。我常不時心懷感恩，我是何德何能，能被這麼多資深或年輕同事們的溫暖及喜樂包圍，我從出生到現在，到底是做對了什麼選擇，一步一步接續來到這裡的？未來還要到哪裡去？

我開始回想，從小時候凡事由父母決定，到長大後凡事自己做決定，這中間經歷了哪些轉變。很多決定在判斷的當下，可能因為年輕，或是叛逆，或是自以為聰明，我們並不知道是對還是錯的，但就是每天幾十個決定，每月數百個決定，每年數千、甚至數萬個決定一路累積到今天，成就了我們今天的樣貌及內在。有時候我會想，如果這一路上某一個決定改變了，或是左轉變成了右彎，是否今天的我就不是現在的樣子？

這一路上，有幾個決定是我到今天還很確定、始終如一而堅持不變的指南針。包括：一，我要認真活著。而且要活得好，活得有品質。二，我要能因應世界的競爭及快速變化。三，我要能順應改變，永續成長。這三個強心的人生選擇支持我一路走到今天。這幾年，我愈來愈重視如何過得快樂，又加上一些要令自己快樂的項目。

能夠自由選擇是幸福的。有沒有選擇的權力，取決於我們掌握哪些盡可能多的選項。高中時，每個學生要決定讀自然組還是社會組，我選了社會組。進入大傳系後，接觸到許多與傳播相關的工作領域，我到四個不同內容的工作環境去無薪實習，讓我擁有四種選項的能力，最後選擇公共關係做為我的志向。之後，如果我一路埋頭工作，未聆聽我心中的渴望，沒有繼續出國深造，沒有加強自己的生活能力、未繼續開拓視野與外語能力，也沒選擇大家覺得最笨，最痛方式，放下我當時耀眼的總監職位及工作，投入所有積蓄來投資自己念完碩士？如果我的選項不是這些，我會不會走不到今天的位置？

　　去英國念完書回來後，我有機會到上海、北京或其他國內企業工作，最終我評估學習性、同時能與真誠且熟識的夥伴一起工作、家人的需求等因素後，加入了台灣奧美360整合傳播小組。歷經一年半後重回公關體系，這時的我已不再只從公關角度思考客戶的需求，而是能兼顧品牌、廣告、數位的範疇。這一連串的選擇，十八年前的決定，幫助我今天踏上了趨勢的浪尖。

　　擴大來說，如果你在二十來歲的讀書階段就找到自己的

發展方向，那是非常幸福的事，因為我們的教育體系並沒有花時間教學生如何了解自己。到了三十歲，應該從多方嘗試的斜槓青年角色，選定落地生根的領域，年輕在不同領域跳來換去，可以累積重要的各式能力，最後融合成一個完整的自己，並還可以得到滿足的人生。建議在四十歲時，應該確立自己職業生涯的定位。當五十歲來臨，尋找意義便成為重要的課題。

工作上如此，生活其實也一樣，因為工作是生活的一部分。對我來說，工作與生活是無法一刀兩分的。若一分為二，除非兩邊得到的愉悅度相同，否則，較愉悅的一面會變成用來平衡較辛勞那一面的工具，而辛勞的那一面又淪為只是為了支撐生活而不得不然的付出。這樣過日子太苦。

所以，試著協調打通工作與生活的關節吧。想辦法讓工作裡有樂趣，有成就感，想辦法用心流（flow）的狀態工作，不要麻木地熬過一分一秒，艱苦地等待下班。另一方面，讓休閒中有啟發，除了吃喝玩樂，除了打卡自拍的小確幸，除了晨昏不分地追劇或打電玩之外，去做一些會讓心靈獲得能量的事，做一些讓身體獲得精力的活動，做一些讓視野獲得開展的行動，並尋找意義。

每個人的此刻，都是過去一連串選擇累積而成的結果，所以要審慎面對人生重要的選擇。做選擇前，要培養自己，在自己身上投注心力與時間，以開發出盡可能多的選項，以及能帶來長遠影響的選項。選項會帶來機會。愈了解自己，思考愈開創不受限，就會想出愈多種選項，你愈能從這些選項中選擇出對自己最好的決定，一次一次，逐步成為愈來愈好的自己。

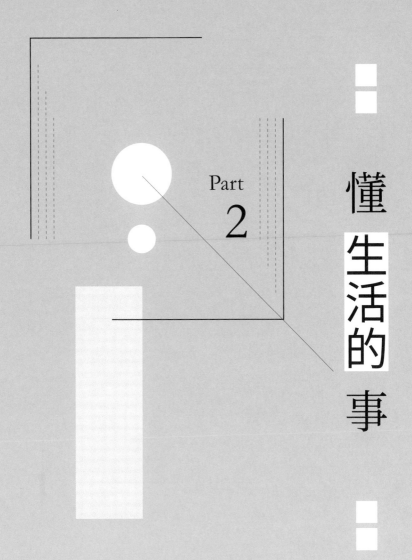

Part
2

懂
生活的
事

好學與好玩

一流工作者
往往擁有精采的生活

好（ㄏㄠˋ）學，好（ㄏㄠˇ）學；好（ㄏㄠˋ）玩，好（ㄏㄠˇ）玩，這兩個詞有四種發音，給我們很多思考的空間。學習很重要，但有時候很痛苦，而優質的玩樂則能帶來很多收穫；也就是說，用好玩的方式完成辛苦的學習，找到樂趣及動力，這在職業生涯的成長階段尤其重要。

我有一些很棒的朋友及長輩，他們都是在玩中學，在學中玩，交織出精采的人生，其中令我仰望的廣告創意教父孫大偉先生就是一位給我很多啟發的神人。照理說我與他的輩分極遠，為何我有這般幸運近距離觀察他呢？

我還是奧美小 AE 的時候，因為擔任當時奧美集團的公關宣傳小組成員之一，為收集並宣傳集團諸多創意作品，知識

或獲獎、升職等的好消息，讓我有機會訪問集團內大咖人物，因此才有機會親耳聽到孫大偉這個創意教父活力十足的工作態度及傳奇故事。因為他常常有各式會議，不是很好找，我必須常常去他的辦公室守株待兔，期待不期而遇，趕快跟他報告一下媒體採訪安排的進度。當幸運時刻巧碰他在辦公室，非會議時，有時看他在觀看排列滿桌的幻燈片，一邊聽著音樂，桌上角落散落著一些紅酒啤酒罐。他在民生東路的舊辦公室裡，有一整面玻璃貼滿一格一格小小的幻燈片，很像現在的馬賽克窗戶，光線或強或弱地透進來，很漂亮。那些幻燈片有些是客戶作品，有些不是，是他跟朋友一起去騎車、帶團隊去露營時拍的。他帶團隊去玩，現在的說法叫 team building，但他當時可能根本不這樣想，只是單純覺得大家一起去做些好笑、好玩、刺激的事。這些事因為打破常軌，往往令人期待，也極能激發創意種子，開發合作模式與革命情感。他經常花三、四十分鐘告訴我他們去玩的事，直到最後才說：「我什麼時候有時間，你可以安排記者來採訪我了。」

　　面對記者採訪時，他不會直接告訴記者這個創意的原始點是什麼，要解決什麼問題，反而會講一段他人生的經驗，其中發生了什麼事、有什麼轉折、什麼有趣的地方，最後才

點出為什麼會有這個廣告的產出，後來我懂了，這就是說故事的魅力。這對當時年紀還小的我而言，帶給我很大的衝擊。一方面，我像隻井底之蛙，人生經驗不像他那麼豐富，聽他講話往往眼界大開。而且，他的描述很有趣，他明明在解決一個困難，但總是能很輕鬆，很不費力就拿出與眾不同的辦法。你很容易被他折服，驚豔於他永遠有你從沒想到可以切入的角度。這樣的「創意」，是從他豐富的生活經驗中，A加B，B加C，C加D……不斷加乘而產生的，而且獨一無二，無可取代。他學的東西很多，觸及的面向很廣，所以他暢談作品的時候，總是能舉出不同角度的實例。他似乎永遠在故事中在遊戲裡，對情緒放大縮小，起承轉合，娓娓道來，最後能匯聚出很棒的廣告概念，創作出很棒的作品。

從他身上，我學到原來玩樂這件事有這麼多養分跟氧分，這些營養素可以被累積，可以被記錄，也可以產出成能解決問題的作品。

工作漸久，愈來愈發現，頂尖的工作者往往擁有獨特的生活經驗。出身於台南的大亞集團董事長沈尚弘，旅遊、爬山、攝影、品酒，每一項生活能力的履歷表，都精采絕倫，其中令我瞠目結舌的，是他精通超過十項以上的運動項目。

有一次我們在談論由其企業舉辦的馬拉松比賽花絮時，剛好有機會細數他的運動興趣，網球、游泳、腳踏車、高爾夫球、跑步、籃球、滑雪……我終於理解，出身理工背景的他，為何能有創新的跨域投資觀點，以及創辦美麗家園基金會的人文環境關懷這樣截然不同的想法及行動，都是來自於生活玩樂的品味養分。

我的另一位好友，她曾是台灣某國際運動品牌的總經理，一個好漂亮的女人，一頭捲捲的長髮，五官非常標緻，一點都不像傳統印象中陽剛、滿口洋腔洋調的強勢經理人。她永遠都保持著漂亮外型，優雅談吐，像極了一位有氣質、有學問的女士。她的個人風格，為剛硬、充滿競爭的運動產業增添了一些人文氣息，也帶進了「關心消費者」這樣的品牌特質。

她當時是單親媽媽，不但培養出很優秀的孩子，孩子長大後，她開始假日到圖書館去唸書給其他孩子聽。我問她辛苦了這麼多年，為什麼不享受一下自己的時間，她說：「我覺得唸書給孩子聽是一種享受，雖然自己的孩子大了，不需要我唸了，但我應該還是有能力唸書給別的小孩子聽，這是另一種付出。」她從母親的義務中找到樂趣，延伸嘉惠了其

他孩子。她後來轉換跑道，擔任時尚品牌的高階管理工作，同時開始學畫畫。她不是想成為畫家，而是被畫畫時那份安靜、沉澱、穩定的感覺吸引，這也幫助她在忙碌的工作應對中更沉穩、思慮更清晰。她對任何事都是不學則已，一學就全心投入，讓自己的工作與生活都同樣豐足。認識她的三年後，她升任了大中國區的總經理，再隔兩年，她開了她人生的第一個畫展。今年，從她的臉書看到她已經有一位興趣相仿的伴侶，真心為她高興。

所以對我來說，「學」跟「玩」是一體的兩面，奧美的價值觀中就有一條是要好玩。人生就是要好玩，對什麼事都要保持充分的好奇，才能擁有豐富經驗，讓我們在連結消費者的生活時，更具有同理心，更能引發共鳴。

回到孫大偉先生給我的啟發。人們在大自然中經歷挑戰，會在這過程中體會到共同的震撼，這有助於建立堅實的情誼，而且這樣的經驗會被口耳相傳。就建構團隊來說，這比每天在辦公室耳提面命創意、勇於冒險等價值觀口號更有實效。所以這幾年，我也因應組織目標做了相應的規劃。例如為了面對大環境的變化，需要同仁更膽大心細，勇於提出破格又有效的創意。有一次我帶隊去玩飛行傘，看著大家從驚聲尖

叫，到互相打氣，到個個完成飛行，事後對這難得的經驗津津樂道，回味不已。我們也安排大家分組做菜，各組必須在有限的時間及資源中，針對指定目標食客（客戶），如女神卡卡，歐巴馬，賈伯斯等等的喜好，做出最可能討好他脾胃的美味料理，從有趣的色香味五感俱全的競賽中，學習針對溝通對象設計出投其所好的菜單，並合理化簡報，最後當然是全體一起享用自製美食佳餚。有一次，還帶同仁去騎馬、賽車，這些都是希望團隊透過體力與腦力並濟的活動，透過遊戲有所領悟。

最近幾年，我看上創意又懂得生活的千禧世代，也努力向他們學習，特別是數位科技運用及年輕消費者的消費趨勢與行為，我總喜歡向他們請教最新最潮的平台，最有影響力的網紅、或是最有效的數位媒體的效益及策略，每每讓我保持不退流行的心態，與時俱進，我發現這樣的好處是，不僅讓自己顯年輕，同時開放的接受新世代的意見跟想法，讓他們也成為我的老師。這樣的領悟既是工作上的，也是生活上、人格上的、不說教的；既是好玩，也是學習。

生氣與骨氣

傲驕骨氣會內傷
有氣發對才健康

輸的時候，有些人會生氣，不甘心的生氣，覺得不公平的生氣，惋惜的生氣，求完美的生氣，遷怒、怪罪的生氣……各式各樣的怒意席捲而來。

　　生氣是情緒的自然現象，要人不生氣，不符合上天造人的哲學。但塞翁失馬的時候，功虧一簣的時候，失之交臂的時候，臨陣慌亂而與成功擦肩而過的時候，骨氣比生氣重要。

　　沒有人能每次都贏。有時候我們做得很好，但仍然輸了，這種時候切忌說小話或惡口，那只是在合理化自己的失敗，是逃避責任的遁詞，是找藉口。重要的是接受，冷靜下來，檢討哪裡還有進步空間，把注意力拉回自己身上，專心思考怎樣可以使自己更好，而不是批評別人。面子問題都是假議

題，勇於承認是值得肯定的好事。這樣的骨氣是風範，也是自我訓練的方式。

如果確實已經盡了全力，那就不要為輸掉一場精采比賽而道歉。當團隊全力以赴了卻沒有贏，這時管理者應該主動肯定所有工作夥伴。帶領團隊如此，自我要求時也是。當你竭盡全力卻無法成事時，也要拍拍自己的肩膀，認可自己，慰勞自己，當自己的發電機。不要被完美主義綁架，一腳踩進自責與自悔裡。眼光放遠，所有的努力都不會白費，一定會有一天，你苦學來的能力會讓你發光。

同時，對於不對的事我們也要有骨氣，勇敢說不。職場上很容易看到一群人附和一個錯誤的決定，這通常是來自上級或強勢方的決定，但結果幾乎都是不好的。所以在奧美，我們很鼓勵坦誠溝通。但坦誠溝通是一門精工的藝術，並不是有話直說而已。首先，當事人要有骨氣，不屈服於權威或強勢。其次，要找出對方可以接受的方式，並在對的時機點提出，正直而柔軟的態度很重要。

有些人會說自己很有骨氣，一生不求人，這樣的人我一方面替他開心，一方面也覺得他很辛苦。因為在求學的過程中，總是會遇到某門學科成績不好，要請教別人的時候；工

作時總是會遇到跟這個客戶不熟，需要別人介紹的時候。所以我覺得，在這個人際接觸愈發緊密的時代，一生不求人是不對的骨氣，相反地，求人是一門藝術，值得學習並推廣。

求人之前，一定要先做過足夠的努力，而不是貪圖方便或只想依賴他人。同時，要求到對的人，我們說這叫「求人有術」。每一次請託，如何建立在之前的關係上，應該到什麼樣的分寸為止，都要審慎思考。最重要的是要有求必還，對於別人的慷慨相助，無論事大事小一定要想辦法回報，這是合作的心態，千萬不可以大而化之。

遇到別人來拜託我們時，也要視為儲蓄緣分的良機。但是要量力而為，把經營人際關係，甚至是經營與權貴者的關係視為要務，勢在必行也沒必要。雖然在職場上有好的人際關係就像搭上了順風車，但人生也常有無風的時候，風箏升不起，仍必要撐起一片天時，憑藉的仍是專業與實力。深化自己所學，厚實自己的專業，讓別人打不倒，就是骨氣的展現。

AI、數位、科技發展日新月異，年輕人經常是我們在這些領域的導師，這種時候也不要錯用了骨氣。向年輕人學習是精進，是風度，不存在面子問題。公司現在有些社群或數

位專案的動腦會議，我會交給年輕的夥伴來帶領，我們在下面聽，從聽之中學習年輕人怎麼生活，怎麼思考，在意什麼，擅長什麼，從中看到機會的新芽。然後再透過我們的經驗，將之形塑成更精準的策略或是更好的創意。

另一方面，懂得過日子的人也得要「會生氣」。生氣是對的，把心裡的情緒釋放出來，才能好好處理事情。處理日常不順遂所引發的怒氣，與處理危機不一樣。危機處理講求先止血、先補救事態，再收拾自己的情緒，但日常逆事所帶來的情緒則不要積壓，要好好排遣。叫一個人完全不生氣是不可能的，怒氣之下又容易犯錯。所以，關鍵是如何管理生氣，如何有效地生氣，把它當成一門功課來做。

年輕時失戀，往往憤怒傷心，夜不成眠，現在回想會覺得那時的自己真傻。消逝的感情不會因為痛徹心扉就死灰復燃，不平、謾罵、怨懟也不會讓幸福回歸，或讓自己脫離苦海。會造成的，只有持續耗損自己而已。

這幾年，我逐漸體悟到「生氣」的訣竅。

第一個訣竅是「限時」。在限定的時間內盡情、暢快地把怒氣發出來，但不要對著無辜的人發作。如果你有合適的朋友，不會因而給對方增添負擔的朋友，可以向朋友傾吐。

如果沒有那樣的朋友，或時機不合適，那就寫下來、錄下來，在空曠的地方好好喊叫一番，都是可行的方法。不過，所有方式都要限時完成，時間到了就放掉，從情緒裡出來，回到日常，不延燒，不耽溺。

第二個訣竅是「三轉」。首先是「轉台」，有意識地切換注意力，刻意把念頭從讓人生氣的事件中隔離出來，例如聽一首寧靜、輕快的音樂，離開事發場域到戶外走一走，讀幾頁好看的書，或者幫植物澆澆水，都是容易辦到的轉台方式。

其次是「轉念」，轉念的關鍵是接受狀況，並提醒自己塞翁失馬焉知非福。裂口可能是轉機，也可能是學習的機會。把念頭轉正，致力看向其中的正面意義。

再來是「轉變」。透過上述兩「轉」的練習，我們就能漸漸從「受制於情緒」，轉變為「能調控情緒」，漸漸成為更自在的人。

負面情緒是很好的警報器，提醒我們去察覺（下意識）壓抑著的壓力、需求、想法和自主性，是鬆綁自己的契機。只要我們懂得對待怒意的方法，只要我們懂得善用生氣，激勵自己用另類的方法達成目標。

關心與關係 2

保持恆溫，
不要太冷也不要太熱

「關係」像是我們腦子裡有一張世界地圖，無論要到達地圖上哪一個地方，它都能顯示出清楚的路徑。六度分隔理論（Six Degrees of Separation）的概念是，如果你要找一個不認識的人，最多透過六個人的連結你就能找到；而在網際網路的助威下，原本的「六度」可能已經進化到三度。從某個層面上說，人與人的距離可說是縮短了。

　　關係建構的緊密程度，與平日功夫下得多紮實有關。用心看待你遇到的每一個人，即使是鄰居大嬸也可能變成大神，有一天會給你重要而神奇的幫助。

　　曾經，我一位客戶的產品被消費者投訴，客服人員安撫不了這位消費者，反而更使他怒氣高漲，多次揚言向記者爆

料，整垮客戶的公司。客戶告訴我，這位消費者要求客戶給答覆，但客戶提了幾次回覆他都不滿意，他還拒絕與任何主管溝通。當時，我們只知道這位消費者可能在某銀行擔任客服，已婚，育有子女，對他的了解既扁平又稀少，找不出什麼有用的資訊。

為了尋找協商的切入點，我想來想去，想起我有位鄰居在那家銀行工作。在徵得客戶同意後，我向這位交情不太深的鄰居說明事況，也說明我不是要請他出面，給他找麻煩，只是想側面了解他那位同事的個性與狀況。終於在鄰居善意的協助下，不僅給我充分資訊，最後還助我找到了和那位消費者對話的橋樑，經過一番誠意的溝通後，最終化解了這場危機。

我們每天都會遇到很多人，如果能有意識地把這些人放在腦子裡，分別以合宜的形式長期、不求回報地維繫關係，就能累積自己的資源。我平常跟那位鄰居問候打招呼，話題總圍繞著他可愛機靈的孩子們，有次他們在中庭玩的羽毛球掉在搆不到的屋頂上，我拿出我家還有顆球的羽毛球筒送給他們，就這樣而已，從沒想過有一天會需要他幫忙，但緊急時刻，他給了我關鍵的協助，而且滿心歡喜，甚至不求我的

回報。

　　至於關心問候的形式，應該傳 Line、寄卡片還是送禮，並沒有一定規則，依照自己的個性與標準自然就好，不用跟他人比較。不過，無論是 Line、email 還是卡片，我一律不使用罐頭問候語、罐頭貼圖，一定會親自寫上幾句關切對方實際狀況的短語。

　　面對這種「關係資源」中最核心的一層時，我們的態度應該是愈沒有事，愈要聯絡。這叫做關係存款。關係存款不只是工作上的，生活裡的也一樣重要。工作上的重要對象，最好是跟自己不太有利害關係，又能彼此互補，互相幫忙，或產生加乘力量的人。他們能讓我們學習，放心地給我們建言，帶我們走出迷霧，甚至授予我們走出迷霧的力量。

　　另一方面，我不是個太有生活能力的人，所以需要能在必要時候給我指點協助的貴人，這對我很重要。這樣的人跟我的工作沒有直接關係，個性、思考方式也不一樣，因而能給我花錢也未必換得到的啟發，讓我的人生思考進階而豐富。他們可能是導師型的朋友、療癒型的朋友，或是可以一起去運動、一起發展興趣的朋友。維繫這樣的關係會讓自己的生活有動力，即使在年紀漸長，小孩離巢後，仍能保有生活的

重心，不會掉進孤單的黑洞裡。

「關心」就像一家你每次去都很舒服熟識的餐廳，菜單不用看，茶水不用點，店長會自動送上你的最愛一樣，恆常維持著你喜歡的溫度，在那裡你可以放鬆自己，不必正襟危坐。一個可以給人恆常關心的人，能帶給人足夠的溫暖，又不造成壓力。無論你今天告訴他什麼事，你都清清楚楚地知道，他對你的支持始終會在那裡，不會動搖。他會聆聽你、同理你，全然接受你的苦境。他不一定提供意見，因為有時你要的只是傾聽，取暖，不需要高超的建議或意見、你只是需要安慰時，有人總是在身邊，靜靜地陪著。

奧美有些高階主管很棒，我的大大老闆莊淑芬董事長就是其一典範。他們會在關鍵時刻默默給予下屬支持、訓練與協助。例如會在下屬第一次升任小主管時送上一盆花、一本書、一張小字箋，上面寫著：「我知道你成為經理了，這項挑戰一定會非常有趣，希望你享受你的旅程。」收到這份禮物的人會感到非常溫暖，會了解高層並不是位高而遙遠，反而一直默默關心自己。主管了解我不為人知的畏懼和擔憂，所以用這樣不戳破卻正面表述的方式幫助我。這份專屬於自己的禮物，會成為我未來成長的力量。即便我始終都沒有去

敲他的門，但我清楚地知道，我可以放心去做，在我需要的時候，他的門會為我而開。

不露痕跡的關心是很難做到的，要克制渴望確認，渴望自己的用心被看到的衝動。我總是朝這個方向努力，並期許自己保持恆溫，對人不要太冷，也不要太熱，恆溫能帶來安心感。優質的關心還必須視對方能接受的方式為之，不可把自己的善意強加在他人身上，那樣做只會形成壓力。如果能用他人能接受的方式，提供出其不意的關心，往往會帶來驚喜，讓事情圓滿。真正的關心，到位才是首要。

每個人都只能做好自己，做不了別人，所以要用不勉強自己的方式去經營關係。關係網絡與目的地，勢必人人不同，不要拿別人的標準套在自己身上，只要我們最終都能到達目的地就好。有些人喜歡參加商會，樂於認識很多新朋友；有些人喜歡學術交流，樂於在知識裡長養彼此的智慧；這些都很好，沒有孰優孰劣。關係網絡要根據目的地來搭建，而目的地，則取決於你階段性的人生目標。

另一方面，我們不只接受別人的支持與理解，自己也要努力成為能夠支持、能夠理解他人的人。對於性格、理想、價值觀相近，擁有正能量的朋友，我們除了在自己需要時找

他們吐苦水、倒垃圾外，也要讓自己具備智慧與胸襟，在朋友需要吐苦水、倒垃圾時奉上滿滿的正能量去承接，在他們脆弱的時候成為他們的肩膀，給得出愛。

現今，工作和生活的界線愈來愈模糊，因此工作人脈和生活人脈一樣重要。人們常說的「對自己好」，我認為也包括經營自己的生活人脈。另一方面，有些工作上的朋友，甚至是工作上不打不相識的朋友，會隨著時間走進我們的生活，與我們結下很深的緣分。這是很幸福的事。

我支持人一定要「靠關係」，「靠關係」絕對沒有不好，只要不違法，不要做作，是非常值得鼓吹的。懂得培育自己的關係地圖，透過經營這張關係地圖跟人維持良善的互動，互相幫助，彼此學習，交互激勵，是人生裡很寶貴的資產。羨慕或嫉妒人脈比較好的人是沒有意義的，只會折損自己的心智。一步一腳印，一本善意地去經營，時間到了，關係的網絡，關心的溫暖，自然會開出美麗的花海。

機會與時機

任何時機裡
都有好機會

每個時代都有隱憂。最近進入 AI 時代，機器人會不會取代人類、將會導致哪些產業出現震撼性變革，引起很多擔心和慌張。我想起西元 2000 年，當時我在奧美的工作來到第八年，我決心暫停一下，出國去進修，讓自己更具備公關行銷所需要的語言及專業能力。但同一時間，非常多跟我一樣工作得很穩定的同事，以及其他產業的朋友，卻不約而同離開了原來的工作。

他們去了哪裡呢？那是所謂網路勃興的時代，年輕創業家異軍突起，比如楊致遠就創辦了雅虎。許多資深前輩、朋友紛紛投資或投身新創網路公司，希望找到、或成為另一個雅虎。這些新創公司的老闆都很年輕，大都二十多歲三十歲

左右，他們有很好的網路建構知識及實作概念，能夠拿到台灣資本家的資金，因而大量雇用像我這一代有經驗的工作者去幫他們工作。這引發我很深的焦慮和危機感，擔心以後會不會也必須要喊二十多歲的人一聲老闆，畢竟這些人在當時的媒體報導中，都是最時尚、最新潮、最有潛力的 CEO，憂心是：新聞大標題下的他們個個都比我年輕有為。

但等我念完書回到奧美，網路泡沫化發生了，跳槽去當網路新貴的人們多半又回到原本的崗位。當然，也有一些人確實掌握到新趨勢，變身為成功創業家。我在那個浪潮中選擇不跟進，主要是因為那不是我的專長，也不是我獨特的能力。我了解我做的最好的事情在品牌行銷傳播公關，貢獻在能銷售產品及服務給廣大消費者。所以即使網路創業浪潮席捲而來，卻不是我的能耐所在。我知道自己想成為專業經理人，並非創業，我適合在能發揮所長的場域工作。任何人分到當紅新創公司很多股票時都會開心，我也會，但我清楚知道那不是我要的。

每一件事情都是選擇。

經過這些年，腦子也長進了許多經驗，成為青年眼中的資深前輩，我很幸運有機會跟多位年輕創業家促膝長談，了

解他們的創業過程。許多人即使具備了知識，也掌握了趨勢，但仍得撐過披荊斬棘的歷程才走得到今天，有時候甚至皮包裡只剩連打一根香腸都不夠的零錢，只能拿意志、信念、專業與機會對賭。雖然每個人都在看時機，但要弄清楚自己夠不夠了解大環境，能不能了解小環境裡的自己，到底有多少資源，能夠承擔這個風險並抓住機會嗎？將這些一項一項仔細評估，就能知道自己究竟適合創業，還是上班。

但現在的狀況與 2000 年時不同，AI 的影響遍及每個人，我覺得是一定要參與的時機，而且要全面性地參與。

但參與的方式還是透過我的專業，去協助 AI 公司成功。我們花很多時間觀察 AI 產業的運作，也擔任多家這領域中非常有理念的新創事業的顧問，幫助他們在過程得到所需。不要擔心時局混亂，或機會不明，亂世才能成就大事，重要的是拿定自己的心意，知道你想做、你能做的是什麼。

AI 時代裡，我認為真正有價值的，最終還是有人味、有溫度、有創意的人性。如果你的工作在這樣的領域裡，就不需要太過緊張，因為機器永遠沒辦法產生熱情的笑容，機器永遠沒辦法給人們療癒的擁抱。AlphaGo 打敗韓國棋王時，新聞標題上寫：「AI 終於戰勝人類！」這樣的標題非常聳動，

照片裡韓國棋王難過地哭了，令人動容而心疼，可是你回頭看看 AlphaGo，他贏了這場世界級比賽後能感動地開懷大笑嗎？他能激動地喜極而泣嗎？他能與教練朋友一起喝酒慶功嗎？他沒有，他也不能，他是一部機器，始終只有一副冰冷線條及僵硬表情。那個畫面給我很大的震撼，AI 贏得的，不是人類看待贏的意義。

時機也會帶來機會。機會可能是別人給的，很多時候我們在等待伯樂，但機會也可以自己給，自己創造。無論等待或自給，首先都要不間斷地學習，儲備足夠的養分，同時尋覓能見度高的地方，創造自己被（伯樂）看見的機會。

機會是我一生中獲得的最寶貴禮物。我很感謝我的老闆白崇亮董事長當年給我留職停薪的機會，讓我在出國讀完書後可以再回來這裡，參與整合傳播事業部的一個新單位，從原來的公關領域擴大到廣告、品牌，看到更多面向。

機會有時候樣貌很模糊，但會在不久的將來展現力量。十五年前我完全想不到的是，即便跨過網路，來到 AI 時代，即便客戶的需求都轉往數位，我仍可以用先前的經驗、經歷的背景為客戶做品牌行銷公關資源重整，重新定位客戶的需求，找到行銷傳播顧問應該幫客戶提供的嶄新價值，幫助客

　　　　　　　　　　　「懂事」總經理的 30 個思考

戶理解時代的遷變，確立自己的專業定位，知道應該怎麼與隨時隨地都在改變的消費者溝通。

是好多貴人給我的「機會」讓我有今天，讓我在這專業領域中有一個位置、一份專長。我因而深刻自我提醒，只要我有能力，能夠給予別人機會的時候，千萬不要吝嗇。

有個客戶曾經告訴我，他喜歡我並不是因為我多聰明，而是我願意學習，犯錯之後願意承認，願意改正，而且加倍努力調整方向，確認達標。他認為這比不犯錯更可貴。我常看到年輕同仁工作很努力，但因為沒有問對問題，沒有足夠的經驗，或想要嘗試新做法卻沒有成功，因而被責罵。這種時候我會在責備前先詢問：為什麼你會做這樣的決定？為什麼你會這樣思考？你從這次的錯誤中學到了什麼？就像之前我的客戶給我犯錯的機會，如果他的說明合理，而且確實已經盡力，我會謝謝他願意嘗試，再進一步詢問如果同樣的事下次再發生，他會怎麼做，聆聽他的心聲。如果溝通順利，他也從中得到教訓，他就會比第一次就做對的人更有潛力。這樣的人夠謙虛，願意理解，願意修正，而且不擔心他人的眼光，遲早會成為能夠擔得起重責大任的人。

翻轉與翻越

●
●
●

成長像飛行
整個天空都是你的

非常湊巧，這段時間接觸到兩個教育界的人，他們的理念與做法很不同，卻同樣在為改變台灣的教育環境而努力。

　　翻轉教育是葉丙成教授提出的倡議，他是一個好朋友，但是我跟他的相識倒不是在教育場合上，而是因為他擔任的新創公司執行長的關係。他是台大教授，大家都知道他在學界的努力，他希望能讓台灣的教育從過去填鴨的傳統方式，轉而鼓勵發揮個人專長，甚至針對學生量身訂做教育方式，以達到多元。這很不容易，兩年來我一直看著他默默投注心力。他的思維邏輯非常有趣，基本上進入台大校園的多數孩子都是從傳統與填鴨的環境中長大，再考上台大，他卻在這樣的環境裡、這個位子上鼓吹大家不要用傳統的方式學習。

而他的教學方法，也的確讓整個科系以及和他相處過的學生都有了巨大的改變。從他臉書上朋友分享的感謝，看得出他的影響力，他完成了非常了不起的事。

　　一般講到教育翻轉，很多名師是純理論家，但葉教授不同。他除了灌輸學生一些重要的觀念，如何讓自己的人生跳脫傳統規範的路數外，他還進行兩項實踐，讓我很佩服。第一，他擔任新創公司執行長，開發電玩教育遊戲，透過遊戲，教導孩子如何發現數學的樂趣。要怎麼讓孩子覺得數學有趣，他不是靠嘴巴說出一套理論，而是做出具體的成果，讓大家明白他在說什麼。他是個很好的實踐家。這套線上遊戲現在變成他的主力商品，但他卻不用來牟利，因為他希望能幫助更多孩子。

　　第二，他在新創公司底下再創另一項事業，也就是「無界塾」。這是個類似自學的機構。我有個朋友的孩子有亞斯伯格症，已經換過三所很好的學校，可是這個小朋友就是無法喜歡讀書，對於理解的學科也沒有興趣，卻有興趣於我們一般人覺得不實際、愛幻想的東西。轉到無界塾之後，媽媽開始看到小朋友的活力。無界塾的老師側重發展孩子的天賦，讓他們 teamwork，讓他們表達，讓他們自己做安排。老師不

　　　　　　　　　　　　　　　　「懂事」總經理的 30 個思考

介入、不做傳統的指導，老師的工作是促成討論的環境，讓孩子們團體寫作業。那真的是很不同的狀況。

有一天我遇到孩子的媽媽，媽媽說孩子現在是國三升高一的年紀，每天跟同學一起讀書完之後，就在家裡用英文寫科幻小說，他的想像力很豐富，很適合撰寫故事。這是學校給他的啟發，學校鼓勵他寫，媽媽則開始留意出版社，打算依著兒子的需要幫他尋找出書機會。這是跟一般人的教育完全迥異的路線，我很開心看到無界塾證明了這種可能性，允許孩子做自己，同時強化他的長處。我確實佩服這種勇氣與實踐力。我認為葉教授是在以自己為軸心做「翻轉」，從觀念或行動撬動了很多家庭與孩子的未來。這是我非常崇敬的例子。

那麼「翻越」呢？聽過李宗盛的〈山丘〉嗎？我們的人生一路崎嶇，越過山丘，意味著迎向一個坡接一個坡，但你知道在這過程中你要去哪裡。

我想談談謝智謀教授，他是華人磐石領袖協會理事長。我帶孩子去參加尼泊爾泰北與印度團的發表會時，那麼多學員中他來找我，告訴我他見過我，他是個記性過人的人。他也是個實踐家。他小時候進過少年感化院，在監獄裡發憤

讀書，考上大學，始終致力於超越自己。他有一個著名的program 是帶學生去爬喜馬拉雅山。聽到登喜馬拉雅山，一般人會覺得可怕，雖然現在也有一些很商業化，給有錢人體驗的行程，但他的不是，他會為少年們做山訓。山訓時，非常多家長不讓他們的孩子參加，覺得很危險，也許是出於不了解，也許是不相信孩子有這樣的能力。他設計了幾門課，都是要到險峻的地方，讓青少年們發展求生的能力，激發他們的本能。他要表達的是，孩子將來的競爭對象已經不是台灣島內的二千三百萬人，而是全世界，所以更應該到世界各地去看看不同的環境，體驗那個地方的困難。有過這樣的歷練，長大後比較不畏懼，有較好的適應力，不會覺得離開台灣就什麼都不對勁。

他選的地方都是比較落後的國家，這點我非常贊成。我覺得台灣在很多面向上受美國文化影響很大，包含美國影集、美式食物、美國的閱讀取向，所以很多時候腦子裡過的都是美式或歐式的生活，只是並不真的活在那裡。我們被西化得很嚴重卻沒有意識到。但是將來的世界絕對不會是以美國為主，現在已經看得出端倪，美國一直花這麼多力氣在壓抑中亞板塊的崛起，就是最清楚的跡象。亞洲文化必須要跟歐美

文化並重，這點我很贊同，但我覺得去看看其他美好的地方，對於孩子們的多元發展、接受度與開放性會很有幫助。他們將來不只跟實體的人競爭，他們要面對的競爭還來自世界各地的虛擬團隊，合作的也可能是世界各地的虛擬組織。我非常同意他從一座實體的山，帶大家攀爬一座虛擬的山，一座再一座，很扎實地，不好高騖遠。

人生不見得每時每刻都有翻轉的機會，也可能一輩子都沒有與那個改變的時刻相遇。那麼，有辦法翻轉自己嗎？我們可以被賦予，我們需要很多外力的啟發或刺激，刺激我們渴望得到翻轉的機會和動力，有了翻轉的願景和動力後，才會尋找翻轉的方式，這需要被帶領。可是翻越不一樣。你如果真的知道你想做什麼，設法更精進的過程，就是翻越的過程。你會一直在攀登不同的山，跨越過不同的谷，之後再翻越另一座山。那是磨練自己的心智，厚實自己的能力，長養自己的勇氣的絕佳實踐。

我在謝智謀、葉丙成身上看到的，一個是翻越式教育，一個是翻轉法教育，我覺得都很好。不要被各式各樣的教改弄得沮喪，要去看各式各樣優秀的教育者不停在宣揚理想，實踐理想，希望能讓台灣的教育更好。我覺得是我們應該要

鼓勵、要彰顯的事。

回到職場，「翻越」比較像是剛剛提到的，不停超越自己的能力，讓自己更精進，就像是爬階梯，一層一層往上。做完了專員做經理，開始帶人，管專案，管時間。做完經理之後再往上，會開始管錢，管預算，管營收。這過程中每一項能力都不同。很多人會在某些關卡上不去，遇到這種狀況時，有時候要停下來思考，有時候要更有勇氣，有時候要休息一下再往前，你必須要有判斷的能力。就像爬山會喘要休息，遇到天候轉變要預先安置，但破除惰性則要奮力往前，你要能判斷自己的狀況。

如果你已經選定了適合你的職涯，要想翻轉，面對的風險就會比較大。但你也可能身不由己，不是你想發生才發生。我看過一個美好的例子。我有一位集團姊妹公司的前同事李慕瑾，已經二十年沒見，一次因緣際會讓我打電話給她，跟著她上阿里山。在車上，我們一路聊天，我彷彿重新認識這個奇女子。二十年前她是她的老闆準備栽培來當接班人的優秀工作者，她的公司投資很多時間金錢讓她去國外受訓，可是她說那段時間裡，她獨自面對很大的客戶，忙著大大小小的事，好幾次活動一辦完就馬上進醫院。她住院時，醫生屬

聲問她到底要命還是要工作，要她自己決定。

　　通常人在這種時刻會有感觸，會開始沉思。她講過幾次要離開，我們都沒有真的相信，她也總是生完病就回來繼續工作，彷彿只是誰都會有的疲倦期，過了就好。她真的提離職時我們都嚇了一跳。她離職後，長久沒有消息，後來輾轉聽說她去當導遊，跟原本的工作差距十萬八千里，但也僅止於聽說。

　　再聯絡上，是她前年出了書，成為旅遊類作家。她專門帶國外不想跟團的觀光客，擔任私人導遊。她把台灣的原住民文化分區，台南、台東、中部、北部、花東的等等，幫旅客安排三天、兩天或五天的行程，親自開車帶他們去看、去體驗台灣。這本書就是記錄她跟老外相處的旅遊經驗，請我幫她推薦。

　　都說隔行如隔山，但她做什麼事都有模有樣。第一，她選擇的路線很特別，不是一般的制式行程。第二，她發揮英語專長，透過工作做國民外交。第三，她的旅行深入當地，每到一個地方，她會帶菜攜茶，就像好朋友來訪，而不只是導遊帶旅客來做生意。有時候她向旅客介紹某樣物產很值得買，原住民朋友還會說不要啦，不要幫我們推銷沒關係。那

是一種很深的友誼，她帶給旅客深刻的經驗，看到原住民真實的的生活，這很令我感動，讓我這麼不認識台灣的人能看到台灣美好、單純的一面。

這樣的轉身，找到一個新角色，將她的人生從東邊撬動到西邊，除了巧妙，更讓她活得比以前快樂。在她臉上，我看不到過去疲累的神情，那笑容的幅度、自在的程度跟過去完全不同。我想那些路線她可能已經走過上百次，可是她解說時依然充滿興奮，充滿熱情，語氣裡完全沒有倦怠。人生能這樣轉身，真的很好。

這是我在職場上看到的例子。但我自己因為一直愛著正在做的事，所以比較在意如何在不同時間點超越自己，讓自己的能力不要停滯。身為公司的最高主管，就好像是整個公司的天花板，如果沒有持續學習，公司觸頂之後就會停頓下來，所以一定要身先士卒地往上學習。正因如此，我多半的心力都花在「翻越」的功夫上。我不會妄自菲薄，但是看到成功翻轉人生的人，會很為他鼓掌開心。

放鬆與放縱

把自己休息好，
是一種社會責任

我們常說工作倦怠，其實不只工作上會倦怠，生活上也
會。工作和生活總會遇到緊繃的時候，我曾經不懂得調配，
導致緊繃的情緒侵蝕身體，影響了健康。現在回想，明明是
那麼顯而易見的負重，我卻花了很多時間才了解肩膀僵硬的
原因。

　　我二十出頭歲得過但目前與生活長期和平相處的甲狀腺
機能亢進，後來成為我很好的身體老師，雖然已經恢復健康，
它彷彿仍是內建在我體內的一個警鈴。當壓力太大時，突然
劇烈的心跳會提醒我，現在處在不好的狀態，可能是焦慮，
生氣，擔心，而且已經是過度了。我個人認為這是一種因禍
得福的收穫。意識到黃燈警訊後，我會做幾件事預防情緒爆

炸，分為短時間與長時間兩種。

　　短時間先離開當下的情境，轉移注意力。如果為某個難解的問題焦慮，想不出辦法，我會轉身去做完全不相關的事，例如抽離工作專心陪小孩、去傳統市場買菜做一桌吃的，離開那個不愉快或煩躁的情境一下，或去看場療癒電影，避免愈想不出來愈鑽牛角尖，或是愈想亂找人出氣，此時深深呼吸，離開現場，給一杯咖啡、清茶時間冷靜一下。如果真的什麼都不想做，也可以很阿Q地宣布放棄：「我現在不要想了，想不出來時一直硬撐也沒有用，我還有時間，會想出來的，做不到九十分也有八十分，先不要焦慮。」睡一覺後隔天再想，也是我常做的。總之先安定自己，不要一直逼自己逼到極限，說出或做出會後悔的話語或事情。

　　透過這些活動轉移注意力之後，再回來時通常會覺得事情沒那麼嚴重了，原本的困難好似就有解法了，找到可以重新對應處理的方法。

　　穩定的放鬆就是從容不迫。我一直覺得不徐不疾的應對能力是可以學習的。想要活得從容，訣竅是事先做好準備，這是從容的本錢。準備什麼呢？第一是時間的掌握，每次都趕最後一分鐘的人不可能顯得從容。其次是不斷提升專業能

力，新的挑戰總是會不斷出現，但你能有備無患。第三，要累積、判讀可以運用的資源，而不是死命硬撐，尋找建議及協助，不要總是靠自己單兵作戰。

有時候為了要授權讓同事學習承擔和當責，有些進行中的專案我可能已經預期需要調整，不然會出差錯，但是馬上進去喊停，又會讓夥伴們覺得不被信任、沮喪沒有成就感，不小心就會打擊士氣。當評估過風險是在可承擔的情況下時，我會提醒自己先按兵不動，但默默將可能的因應方案準備好，等到真的出問題了，就可以馬上出手解決，讓同事有所學習之外，還能達成預期專案的成效、不出包。要能做到這點，有賴於平日就準備著的各種資源與能力。順帶一提，緊急時刻如果得貴人相助，記得事後一定要回禮或電話寫信來致謝，把用掉的情感存款補回去，才能繼續累積人情資產，而不是坐吃山空，造成超支，記得，任何人在任何時候都沒有義務幫助你，包括你的父母。

不過世事難料，難免還是會遇到始料未及或是無法及時挽救的情況。這種時候，不要急著到處跟人傾訴抱怨狀況有多糟，或是急著歸罪別人，那只會讓你一直陷在哀怨自憐的漩渦裡，無法理智。當務之急是冷靜下來，思考、思考再思考，

找對的人商量及協助，憑藉自己經驗判斷，先停損再解決。這一點很重要。

　　至於長時間讓自己維持放鬆的方式，就是培養興趣及有品質的休假。對喜好事物的樂趣會帶來動力，帶來生活愉悅及期待感。同時，周末兩天適時休息及年度休假真的很重要，而且假期時做的事情要能給自己充分的養分，也給自己充分的時間及心力去做內心想做的事，即使整天什麼都不做，懶惰無所事事，在安全的環境下偶爾喝醉或高歌狂舞，離開居住地到異鄉生活的 long stay，都會無比美好幸福。

　　神經質的我工作時很拚命，時間老是不夠用，以前連休假時也照樣電腦手機不離身，弄得自己一年三百六十五天都神經緊繃，效率是重要的，但不是時時必要的。現在我懂得適度調整了，雖然因為工作屬性的關係，即便休假日也可能會有客戶危機突發狀況，這是我工作很重要的一個項目，不得不立即進行處理，除此之外，如在周末收到工作要求時，分辨緊急狀況後，告知交辦方，不急的事情留待周一上午處理，或交代同事代理。我就會調度出可以充分安心休息的時間，無論是周末、五天或一兩周長假，在那些日子裡徹底放鬆身心，也需要回歸專心的媽媽或是貼心女兒等生活上的不

同身分。把自己休息好，是一種社會責任。

　　而放縱，我覺得是放鬆的負面表述。有時候鬆到底回不來，就變成了「癮」。偶爾放縱情緒、適當的負面感受都是正常的，但若是任由傷心難過沒有底線，沒有自覺制止抽離，導致憂鬱過度，就會傷害自己或他人；又或酗酒，剛開始都是一杯兩杯，有效放鬆，但漸漸愈喝愈多，沒有設定底線，就容易導致不良結果。要預防放縱，方式便是自我管理。每個人每個階段的狀態不一樣，所以要時時覺察自己的狀態，自我誠實地去調整，才不會斷送自己的人生。

　　我不認為人要一板一眼地過日子，但是要了解自己，不要太高估自己的能耐，畢竟人性都是好逸惡勞的。任何事做到一個程度都要煞車，無論是自己提醒自己，還是別人提醒你。「量」是調控的基準，不管是玩電玩的量、喝酒的量、抽菸的量（最好是不要抽菸)、買衣服的量、頹廢的量。如果掌控不了自己，多半日後會演變成負面或影響他人的局面。

　　若能沒有慢性疾病做為身體裡的警鈴，不用付出健康為代價，是最好的了，因為健康之外還有很多線索可以觀察自己。例如突然大量的落髮，突然變多的皺紋，突然模糊的視力，持續暗沉的氣色，或總是提不起勁，每天只想用睡覺來

度過。最怕也最常見的是，你忙到忽略自己的身體，沒有聆聽身體低吟或哭訴。

　　如果一直聽不見身體的聲音，累積到一定程度後，身體會給你一記重擊，讓你累垮，讓你病倒，身體上或心理上。所以，最好身邊有讓你信任、會認真聽他說話的人，讓他來提醒你。

　　我滿喜歡自己現在的狀態。我會在無盡的忙碌中找出一個小空檔，做一點感官愉悅的事。好比我會準備很小的奶油糖及一瓶檸檬草柑橘味道的精油，在小疲累的時候或會議與會議的交通中間甜一下或聞香，這樣口感味覺上的小小調味可以讓我瞬間改變心情，感受到立即放鬆。另一方面，隨著年紀漸長，以前看不過去的人與事，現在懂得置身旁觀及一笑置之，或許也已經知道怎麼不動情緒的對應，如同我愈發嚴重的老花，有些東西就裝看不清楚就好了。能夠同理的範圍變寬後，整個人也會比較接近從容的狀態。

奇才與勤才

○
○
●

兔子跟烏龜
都可以是贏家

有一句話說戲棚站久了就是你的，我反而覺得，這種媳婦熬成婆的觀念，放到現代職場環境已經落伍了，那只適用於過去的時代。大家應該刪去「只要任勞任怨，不辭辛苦，就會得到公司重視」的想法，因為在現代組織中，唯有戰功可以展現個人價值。

　　工作是一種利益交換關係，認清並沒有不好。從這個角度來看，你必須建立自己的 credit，提升自己的可信賴度，才可能獲得晉升，得到公司賞識。我覺得只有兩種人可以在當今的職場環境中建功立業，一種是勤才，孜孜不倦，勤能補拙，有志者事竟成的人。我就是這一種。我有一句勉勵自己的話：想做的事，我一定要做到。對我來說失敗是家常便飯，

不是阻止我繼續的障礙。

　　不過，勤勞也要懂得思考，而不是一直悶著頭一直做。首先，要很清楚你想完成的工作是什麼，設定明確的目標，不要像我初入職場那一兩年那樣，搞不清楚任務又不敢問，一股腦地悶著頭做，想說總有一次會碰對，這樣消耗的不僅是自己的時間心力，也耽誤了自己成長的速度。第二，要有毅力，無懼困難的任務，不只是把它做完，更要做到好，老闆才會看到發亮如鑽石的你；做到好，而且持續每次都做好，就會被信任，才有機會被重用委以大任。第三，要觀察公司明星領導人具備了哪些重要能力，然後在自己身上下功夫專注學習，儲存公司不同位階需要擁有的能力。即便同一個位階，需要的能力也不會只有一種，今日的多工環境要求工作者要有多元技能，以應付時代的需求。能做到這三項，就符合「勤勞」的定義。勤勞的人是透過完成一個又一個自我要求，一次又一次職涯挑戰，從中變得強大。

　　另一種人是奇才，他們是擁有特出能力的人，像 AI 工程師，像奧美集團的創意人員，像建築師安藤忠雄，他們的獨特能力會讓自己發光、耀眼，產出一個又一個代表作。

　　安藤忠雄是奇才，他的清水模建築獨樹一格，成為許多

地方的地標，對當代建築師影響甚鉅。因為工作的緣分，我有幸在協助台中亞洲大學的安藤忠雄藝術館開幕典禮活動，能親自接待他並安排陪同他媒體專訪。貼身無距離的聆聽並領會一位世界大師的謙卑態度及設計理念。

很有意思的是，之前做功課時讀到一篇文章，他自述他的人生經歷中找不到可以稱為卓越的藝術資質，他有的只是與生俱來面對嚴酷現實絕不放棄，堅強活下去的韌性。這句話令我印象非常深刻，難怪他可以這麼成功。他當然是謙虛了，在我看來他不但有優異的資質與卓越的能力，更厲害的是他很堅持，也就是勤。兼具「奇」與「勤」使他的才能永續不間斷，持續發光發熱。

從安藤忠雄身上，我們看到的，是更上層次，既有才能又勤勞又堅毅的人。一個由阿嬤養大的小孩，從小沒有人管功課，每天都在木工、鐵工廠閒逛，他在看似遊手好閒的孩童時期，已經開始在累積養分。阿嬤沒有教他什麼厲害的事，但是要他成為一個獨立的人，要守信守時、不說謊，不找藉口逃避該做的事。他高中開始打拳擊，賺到第一筆比賽獎金時，他意識到原來運動可以賺錢，於是去參加各式各樣比賽，體驗到拳擊手這條路要忍受的孤寂，也發現不是每次都能得

到名次和獎金。這讓他領悟：只有努力是不行的，還要適任，而自己並不是這塊材料。

我們常說人不能沒有夢想，可是什麼時候該堅持，什麼時候該看清現實，是一大學問。安藤忠雄的建築事務所成立之初生意並不好，但是他有耐心，持續做出好作品，終於等到伯樂。他的故事給我很大的啟發，這麼厲害的大師也要下這麼深的工夫，平凡如我們，有什麼理由可以不勤勞。

不只安藤忠雄，許多成功創業家也既是奇才又是勤才。他們擁有獨到的創業理念，宏大的視野，加上不畏挫折打擊，不懈地努力，最終締造了成功。

每當我的客戶 CEO 們坐在我面前，告訴我他們怎麼建立起一番事業，我的崇敬都會油然而生，一個個的傳奇故事，讓我領會到他們的奇特與勇敢。其中的一位：葛望平董事長，2002 年創立歐萊德，2006 年他就大膽預言：「全球品牌都會變綠，遲早而已。」因此再在一片紅海的洗髮精市場中開創「綠」海策略，以比同業較高昂的成本、更艱難的技術，生產出全世界第一瓶百分百可回收塑料製造的洗髮精，空瓶放到土壤裡後會自然分化，不傷害土地，裝載於瓶底的咖啡因種子還能長成一棵樹，而且洗髮精洗液流出下水道不會汙染

　　　　　　　　　　　　「懂事」總經理的 30 個思考

水源。以綠色永續作為生意的核心價值，一步一步實踐，直到今天環保成為綠色經濟的主流，證明了他是一位先知型的創業家。他說：「我仍保持著一顆赤子之心，最初想改變自己生命的初衷，漸漸擴大到改變周遭其他人，乃至於改變社會。」

葛董事長對品牌的初心，從創立之始至今，仍舊維持相同的真摯。企業取之社會，回饋社會是理所應當，安在心上的赤子之心，更是單純不求回報。我們從每一個外人看似微小的細節中，自小事做起落實零碳永續，期望達到「提供全綠的永續生活方案，讓我們與地球綻放由內而外的美麗」願景。因為，歐萊德從來不只是一間髮膚保養品公司，而是一個對人類、對社會、對地球都好的品牌。

那麼，像我一樣的普通人，應該如何精進自己呢？第一，要培養多種專長，在你喜歡的工作領域進行多樣性學習，以收一加一大於二的綜效。第二，在老闆還沒有要求前就先把自己準備好，這樣當機會來臨時，就能一躍而起。第三，觀察未來趨勢，跳出眼前的工作視野，找到下一個進階的契機，預先學習。這樣一來，勤勞就不只是原地努力，而是有目標地前進。這樣的收穫必然豐盈。

專心與專注

●
○
○
●

鐵杵也要遇到李白
才能磨為繡花針

雲門舞蹈教室貴為我的客戶，因著工作拜訪或私下去看表演，我前後去過幾次淡水雲門。其中，去年帶著全公司去參加體驗課，讓我感觸很深而且有新的領悟。那是長達一個下午的行程，我們先被引導去做動動身體的體驗，之後工作人員為我們進行深度導覽。以往我們去參觀，只是看一看風景或硬體建築物就走了，但這次有機會沉浸在那個場域氛圍中，慢慢聽著雲門的故事，也親身感受他們的創辦歷史及價值，是相當難得的經驗。動身體不是舞蹈，而是透過太極導引運動全身的關節，讓自己很快暖身，體會身體活化甦醒的感覺。導覽也不是參觀內裝設備，而是循著一磚一瓦的解說，靜心了解林懷民老師創辦雲門的辛酸成長及起承轉合。

原來揚名海外的林懷民老師在大學時竟是法律系學生，後轉新聞系，讀書時期間斷習舞。而且在大學畢業留學美國研讀碩士期間，才正式學習現代舞。1973 年回到台灣創辦雲門舞集，原本主要是看到當時大家都跳西方舞蹈，沒有台灣人自己的舞蹈，於是想專注做台灣的舞蹈，屬於東方人的舞蹈，所以創造了全新品牌——雲門。當時他是個單純的藝術家，既沒有財務專業也沒有行政能力，但創立雲門意味著要從舞蹈家變成經營者、企業家，這中間的過程非常辛苦。他歷經失敗，募款不順利，不斷為錢奔波，甚至一度結束雲門。

　　林懷民宣布雲門無限期暫停後，他原本想像一般人，另找工作以維持生計，卻在一次搭計程車時被司機認出，司機說：「林懷民老師，我好想念你們，你們怎麼停業了？」林懷民說沒辦法啊，實在太痛苦了，難過到會落淚的程度。那位開著破爛計程車的司機對他說：「老師，我告訴你，人生每件事都是辛苦的，沒有不苦的啦，老師你應該要讓雲門重新再運作起來。」林懷民老師當下感動到掉淚，覺得是上帝派了一位使者來告訴他，沒有事情是不難的，但該做的事就是要做。這讓林懷民下定決心要重振雲門。

　　雲門重新營運的那一天，林懷民對所有團員宣布：雲門

是大家的，不再是我的，希望大家共同參與。他將雲門大眾化之後，一群人在鐵皮屋裡揮汗如雨卻甘之如飴地排練。原本雲門的排練場是間公寓，但公寓有高度限制，舞蹈需要跳高時就沒辦法，換到八里的鐵皮屋後，雖然夏熱冬冷，但可以盡情跳躍。導覽老師告訴我們，那段時間雲門夥伴練舞好苦，可是苦得好快樂。過程中大家都懷抱理想，接受林老師的號召，為之感動。無奈好景不常，老天給的考驗總是更大更重，一場火災燒燬了所有服裝與道具，很多人擔心林懷民老師這次再也撐不下去。沒想到林老師對擔憂的群眾說，我今年承諾過的舞蹈，都一定會跳完。

專心能使鬼推磨，這是何等的強人意志力。

最後搬遷到淡水，林懷民老師將劇場周邊的牆做成當初在八里時貨櫃屋的樣子，提醒大家我們是從那裡走來的，勿忘初衷。從雲門的歷程中，我看到林懷民老師對舞蹈的專注，一生做好一件事，以及無論哪一個階段都專心致志，就算遇到近乎毀滅的阻礙，他依舊一心一意克服困難，將雲門往前推進。

專注讓人心無旁騖，直達目標才甘休。

王品集團的執行長李森斌也是一個專心又專注的領導人

典範，身為員工編號 003 號的創始員工，從沒有喪氣或是驕傲的氣息，無疑是正能量一哥。從台北團隊開創王品集團的第一片拼圖到大陸走遍大江南北開疆闢土，再回到台灣擔任執行長，我問起他其中的辛苦，他說這是人生中的初衷且是最愛，從早上規律晨跑，每天無上限次數的試菜，周間奔波各店視察運營狀況，周末親訪員工家庭日，年度帶員工上玉山，環島騎車……沒有一刻空閒，卻沒有一秒後悔。我得到的啟發是，人生最大的幸運是找到自己喜歡的事。但很多人窮其一生找不到，徒留遺憾。因為總是有很多聲音會干擾你：做這個賺錢比較多，做那個比較容易出名，哪個行業落伍了，哪個事業是趨勢尖兵……這些聲音總是揮之不去。要專注於不見得可以馬上得到回報的事，需要極大的信念與堅持，不輕易動搖。同時，對於你專注的領域，你要很專心地做好必要的每一件事，培養每一種能力，要百折不撓，不要輕言怨懟或放棄。專注加專心，能夠成就與眾不同的事業。這裡講的事業不分大小，而是你喜歡的、想要投身的領域，你可以自己定義它。這是人生中非常美好的事。

我自認為不是個多才多藝的人，但我有優勢。我的優勢是我喜歡做溝通工作，我專注於這份工作，除掉干擾意志的

雜音，從不三心二意。我把學會這領域的所有技能，而且不停止學習最新最有挑戰的傳播方法及技巧，視為一輩子的功課。因為每一次嘗試都要付出時間成本。如果用刪去法來選擇工作，試一行不喜歡就換一行，到頭來很容易淪為繞圈圈，年紀徒長仍搞不清楚自己要什麼，累積不了專業能力，也找不到可以落地生根的行業。說真的，「選擇自己要什麼」比「知道自己不想要什麼」重要多了。

　　我專注於一個領域，這領域所需的專業和能力會隨著我的成長而累積，能讓我愈來愈有成就感。任何工作都一定會遇上各式各樣困難與阻力，如果我夠專心，就會忘記那些壓力，只想著如何克服困難。專心做好手上的每一件事，能讓你不分心去抱怨工作中討人厭的部分，甚至能讓自己跨越好惡，從原本不喜歡的部分找出樂趣，把不喜歡變成喜歡。

　　選擇工作跟選擇對象有點相像，既然跟它相處，就要想辦法愛上它。你愛一個人，會喜歡他的特質，接受你原本不以為然的部分，工作也一樣，不要期望這世界上會有一份你全盤喜歡，或九成喜歡的工作，也不能只做工作中感興趣的部分，對於你不喜歡的項目翻白眼或產生厭世感。比較正確的態度是專心做好，不要錙銖計較於喜歡或不喜歡，先把眼

前的工作通通做好，因為永遠是做好了才有下一個階段。

　　我是一個天生粗線條（後來做性向測驗證實這個特質），對細節很不擅長，最怕拉 Excel 表格，常常掉東落西，算帳算十遍數字都長不一樣的人，可以想像我在剛進社會，需要確實遵照指令執行細節的初階工作者階段，我每天都是度日如年，花比別人多兩三倍時間在加班處理這些我不喜歡、不專長，但在當時卻被視為重要表現的工作上。慢慢的逐步晉升之後，開始有了助手處理這些執行細節，我天分中策略思考及創意創新的優點自然可以被運用到客戶品牌行銷的大策略及創意的提案上，就一路在工作層級快速攀升。我用努力「晉升」來擺脫我對系統執行細部工作的不喜歡，而且不只是頭銜與收入的晉升，而是專業與領域的晉升。不要做著這行看那行，不專注的結果就像海砂屋，蓋得再宏偉有一天也會垮掉。

　　專心與專注可以讓你工作心情穩定，讓你在困惑時能安定自己。遇到困難時願意拿出勇氣去面對，你就比較有機會一個階段、一個階段地往喜歡的事情前進。經過時間的洗禮，你就會成為你喜歡領域的專家。

意念與意識

給心開道任意門
隨意所遇都是美好

2018 年我參加了台北藝術節的一場活動：由德國里米尼紀錄劇團（Rimini Protokoll）帶領的《遙感城市》（Remote Taipei）。這是由台北表演藝術中心王孟超總監超前部署的藝術活動，當時我們剛幫忙完成藝術中心的品牌定位。

　　傳統的表演藝術是由一群專業表演者在台上演出，觀看者在台下觀看。觀看者並不介入表演，就算有互動也是由表演者引導，而且只佔演出中很小部分。但《遙感城市》完全不同。

　　《遙感城市》以無線聲控的方式，為參與者進行城市導覽。但參與者不只是聆聽與跟隨者，在戴上耳機的同時，他們也成為表演者，被熟悉的城市感覺異化，不再只旁觀著日

日行走其中的城市。他們的思想透過肢體展現，被城市人觀看。這個全新的觀點會帶領大家重新體驗原本熟悉的台北

當天五、六十位成員，包括我在內，於台北南港聯成公園集合後，每位參加者會拿到一副耳機，一切行動都依照耳機裡的指示進行。一開始，耳機裡的聲音要我們想像自己置身在一座圓形的劇場中，周圍的人都是觀眾，大家依照指示圍成圓圈。之後，耳機要我們觀察周邊的人，觀察他們穿什麼衣服？吃什麼早餐？他背的包包跟你的一樣嗎？他們為什麼在此？

接下來，耳機引導大家出發，從後山埤站開始步行，途經信義計畫區，最後來到國父紀念館。耳機裡的每一個指令都符合我們眼前所見，連過馬路的時間都精算得清清楚楚。配合著沿路景物，耳機會提示我們做相關的聯想與思考。經過警察局時，耳機裡的聲音問我們：你犯過罪嗎？做過什麼錯事躲警察嗎？經過一所小學時，耳機告訴我們面前這座小學的籃球場上，有一群孩子正在打球。耳機裡的音效逼真，拍球聲與喝采聲清晰可聞，明明空無一人的籃球場竟在我們的腦海裡上演一場激烈的比賽。

耳機不只帶我們走街道，還帶我們穿越急診室。經過急

診室時，耳機裡的聲音說，我們正在行經一座生命的山洞，往前走，會看到一扇小門，裡面安安靜靜的，因為來這裡的人都是脆弱的人、生病的人，很多生命在這裡消失，很多細菌在這裡滋長。耳機要我們端詳每一個人的愁容，感受他們在想什麼，回憶自己生病時想過什麼。耳機裡的指令要我們在急診室裡坐下來思考，是否想過有一天自己會消失？臨終的場景如何？有遺憾嗎？有什麼想做卻還沒有做的事情嗎？如果明天我還在，但此刻坐在我旁邊的這個人已經從這個世界上離開了，我會有什麼樣的感受？……

耳機帶我們上捷運，在捷運車廂裡，耳機流洩出一段音樂，要我們配合著音樂跳舞。這個突如其來的指令讓大家嚇了一跳，也擔心其他乘客的眼光。但既然來參加活動了，就不好置身事外。於是我抽開自己的意識，放掉他人的眼光，將自己拋進音樂裡，隨著旋律擺動身體。

一開始大家都有點尷尬，邊擺動邊不好意思地笑。但指令並不到此為止，不多久，耳機傳來要我們熱情跳舞的聲音，而大家也豁出去照做了。

過程中我發現，我從聆聽者搖身變成了表演者，捷運車廂就是我們的舞台。一旦抽開意識，我做的就是表演，即興

「懂事」總經理的 30 個思考

的表演。

下了捷運，我們穿越商場，往國父紀念館方向移動。在車水馬龍的市街上，所有人往同一個方向前進。這時耳機裡傳來「停，停在這裡不動」的指令，我們一行人停在人行道上儼然木樁，耳機裡的聲音又說：現在你會發現，人群會穿越你。你有沒有想過，唯有你不動的時候，才能體察到別人的流動？你有沒有想過停下來，才能看清楚一切移動？

還有一個指令是「倒退走」。耳機裡的聲音要我們思考，「前進」是否只有一種方式，只有一種姿勢？倒著走也能前進，雖然比較慢，卻可以看到不同的風景。

像這樣，耳機要我們在國父銅像前聆聽抗議的聲音，引導我們思考十次革命的國父、眼前化身銅像的國父、紀念品區的國父有什麼不同的意義。要我們在捷運月台上觀察從車廂出來的每一個人，把他們想像成一個個模特兒，正穿著最能襯托身段的衣服，背著最時尚的包包，風姿綽約地從世界最長的伸展台那端走來，轉身上手扶梯，往更高的舞台而去。

城市就是舞台，生活就是舞台。

最後我們來到華視頂樓，那裡以前有一座軍用停機棚。耳機裡的聲音說：現在我們來到城市的上方，城市在你的腳

下，你來到從未到達過的境界，你可以控制它，改變它。那麼，你是誰？你要做什麼？

活動在這裡結束。這時微黃的天色飄下毛毛細雨，涼涼的，彷彿療癒了一個城市裡許久未關心自己好不好的靈魂。

這一趟藝術學習之旅解開了身體的枷鎖，我們真的可以經由腦中的意念到任何想去的地方。在繁忙的市區中心，閉上眼睛，輕輕呼吸，你眼前就是一座青青森林。閉上眼睛，想像來到南極，你眼前閃動的是極光的奇蹟。閉上眼睛，你就回到自己受苦的那一刻，生病的那一天，椎心刺骨也會如同刀割。意念由你決定。所以，在身體及心情很累的時候，找個角落，練習靜靜閉上眼睛，你可以來到峇里島或是任何你心儀的渡假勝地，想像吹著海風啜飲一杯咖啡或是雞尾酒，或是回到家裡躺在那座角落鋪著你喜歡的鵝黃色毛毯沙發上，也許是走到那張家鄉療傷的餐桌上聞一下媽媽拿手菜的香氣……透過這樣的意念任意流轉，讓自己充電五分鐘，續飽能量，打開眼睛，再回到戰場上。

意念裡也有意識。在這趟意念導覽中，我意識到生與死，意識到前進的方式不同，視野也會不同。我意識到自己與他人有同有異，但我是否關照過別人的需要？還是我的注意力

「懂事」總經理的 30 個思考

始終只在自己身上？在激烈競爭的環境中，我要選擇樂在其中，還是把所有人當成敵手？來到高處，人的第一本能是恐懼，但恐懼未必要卻步，也可以與恐懼並行，攜手前進。

　　意識到了，體悟就近了，世界就打開了。

生活與生存

常探索自己的一生
想要什麼樣的完結篇

台灣的生活水平雖然普遍比以前優渥，但仍有滿大比例的學生必須依賴助學貸款。也就是說，有很大一群年輕人還沒有開始工作就欠債；年紀輕輕，哪一天才能翻身的壓力就背負在身上。這些孩子為生存所付出的認真與努力，一定會成為成長的養分。

　　而小康家庭的孩子們，面對的競爭也與過往不同，不再只是起跑點的競爭。為了生存，他們得摸索、分辨出自己的優勢，在工作場域妥善發揮，爭取機會也創造機會，用比較短的時間拔得頭籌，同時持續學習，盡早開始儲備下一個階段所需的能力，機會來臨時才能接得住。

　　回想起來，我四十歲之前都在學習如何生存，直到這幾

年，才開始思考生活是什麼。

我在高雄出生，正港南部妹。排行老大，我的父母非常辛苦地經營滷肉飯小吃生意，沒日沒夜沒假日沒過年的辛勤工作，才把家裡四個女兒養大，還供給我讀完大學。我很清楚大學畢業後，生活花費一切要靠自己獨立謀生，所以大學四年找了四個無酬的實習機會，希望畢業後能找到一份適合的工作盡快養活自己。在大三升大四的暑假在奧美的實習結束後，事實上，這是我第四個實習工作，工作滿檔卻每天早晨起床後極期待上班，長達兩個月實習時光，竟如時光飛逝，我直覺這個工作 fu 對了，渴望成為正式職員。

當時實習帶我的小老闆雖然對我印象不錯，但畢業後的第一次正式面試並無法錄用我，因為更高階的老闆沒把握我應付得了公關公司滿載的工作量及還有我那剛畢業不入時的學生味。因為我的不放棄，一個月後繼續請小老闆再幫我試試，這次，大老闆同意先以等同於工讀生的薪水試用我，我馬上抓住這個機會。接著，我帶著所有家當（一只行李箱跟一只書箱子）到台北民生東路三段錦州街裡分租頂加雅房，少少的薪水在支付完房租、水電（還好當時沒有手機），預留回高雄的客運車票錢後，還得仔細盤算如何用最少的花費

填飽肚子。有時候月底荷包快空了，正餐就用營養口糧和白土司來充飢，成為當時的軍公教福利中心，現在的全聯福利中心的常客。

除了生活費，好面子好表現的我，為了補足傳播公關行銷專業知識，還逼自己從原本就少得可憐的收入中，再先扣除買商用工具書及晚上補習英文的錢，繼續進修。升上經理後，覺得更需要了解客戶的生意需求，又去報考政大企業高級經理人班，學習企業管理課程。

除了是省錢達人，我同時也是租屋搬家好手，房東一趕，我一周內就能搬家。我算過我在買自己的房子以前，大概搬過十一次家。初期工作五年內，我的家當是一台中古電視，一部飛利浦 CD player，一瓶插電的貯水保溫瓶，一個大學時期就陪我的鬧鐘，一架佳能手動相機之外，沒有過多的家電及大型家具，夏天不吹冷氣，下班後也會藉故加班，因為沒有娛樂費與同事們去唱歌吃飯，宣稱要加班不跟攤比較不尷尬。上班有些衣服和化妝品都向媽媽借拿，因為我媽媽也很節儉，衣服都保存不錯，只是花色樣式都過時了一些（現在稱復古，是一種時尚了）。

漸漸的，那位對錄用我曾經遲疑的大老闆，應該是發現

了我總是老氣、不合年紀和不合身的裝扮，她沒有直接開口問我怎麼了，有一天早上，我來上班時，發現座位邊放下一大袋滿滿的上班衣服，裡頭留了一張字條，說是她自己的舊衣服，讓我不要介意並要我試試看合不合穿，我看著那輕描淡寫的字句，低著頭跑到廁所裡啜泣。那份顧及我面子的溫暖，我到今天都滿心感謝。這種縮衣節食的日子大概過了五年，直到升上經理後，手頭才有一點餘裕，開始慢慢存出國念碩士的錢，工作八年後暫停下來，把錢全部投資自己去英國將碩士拿到，一年半後回台灣再從零開始。出國念書也是為了生存，為了儲備職場發展的資本。這段時期，我想的始終是要怎麼做，能贏得更多機會；要怎麼做，能得到更好的生存空間。

那段時期沒能去學個才藝，除了工作真的很爆滿之外，原因是各行各業客戶的產品領域已經涵蓋了吃喝玩樂各種領域，當我工作的時候就在吸收各式生活知識及常識的養分，充分實踐工作寓教於育樂。

三十七歲，升上總經理，經濟壓力稍鬆了一點，同年懷孕成為媽媽，多了一個新身分，雙重改變讓我開始思考工作忙碌，難免錯過了珍惜與家人、摯友相處的機會，真的值得

嗎？蠟燭燒到最後，能留下什麼給自己？我意識我真的喜歡工作，但生活品質長久被我忽略，可是，這到底意味著什麼？

當媽媽是人生最好的反思時刻，我逐漸釐清，對我有意義的品質不是奢華的人生。我發現自己憂慮於生存時，會視而不見眼前的幸福。聽家人說話時會不耐煩，覺得聊生活瑣事浪費時間，漸漸就失去了與人閒談八卦的能力，只能講國家大事或經濟趨勢，朋友容易誤解你變得高不可攀，這個覺察令我滿沮喪的。我意識到，人生的組合便是輕重緩急順位的安排，於是，我從調整順位著手。工作還是一樣重要，但有些東西應該往前推移，跟工作並列，例如與家人、朋友、伴侶的相處。同時，我要用對待客戶的方式，對身邊每個人，我變得更願意傾聽，更具有耐心，更貼心友善；要有意識地多說好話，給人愉悅的感受與鼓勵……。這些能讓我感受到自己的完整，更喜愛自己，也提升了自信。

這樣的思索與學習過程，讓我愈來愈聽得清楚心底的聲音，愈來愈確知自己想要的是什麼。原來，我們的心常常對理智喊話：我要休息！我要旅行！甚至我現在需要甜食！……但理智多半會略過、壓抑這些聲音，或敷衍了之。不行不行，這麼多工作，怎麼能休假？一休息就懈怠了，萬萬不可！為

了身材，一定要杜絕甜食……。其實，「心」在呼喊的，往往是我們當下最缺乏的。內心的聲音是我們在這個世界上最親近的寶貝，我們終其一生都跟自己為伍，此外的一切都會改變、會疏離、會消逝。所以，我們要重視心的需求，要認真聆聽它的話語。情緒太滿，想哭的話就找個地方或找個肩膀靠著大哭一場。需要向朋友訴說苦悶時，就老老實實地拿起電話。心說要出去走走，腳步就不要停滯。

要有品質的生活，唯一的方式是多多跟自己對話。不要忘了最好的智者是自己，沒有人可以提供更適切的答案，只有自己最知道自己要什麼。也因此，我們要設法讓「自己」更完整，更強壯，更有智慧，更能引領我們走向美好的人生。正因如此，廣義的、不間斷的學習才會這麼重要。

Part
3

懂
人生的 事

心情
與
情緒

千萬要放棄的不切實希望，
就是「人生順遂」

人遇到壞狀況時心情會受到影響，這很正常，但小心不要被情緒綁架了。怎麼分辨我們正在回應的是情緒還是心情呢？這要靠覺察，而覺察的功夫可以透過練習得到。

　　我的身體裡有個警報器，對於我練習覺察很有幫助，這要感謝我的甲狀腺機能亢進。甲狀腺機能亢進是一種無法根治的疾病，只能調控它、減緩它，維持在正常的機轉範圍。它不像感冒可以根治，不像蚊蟲咬傷可以痊癒，它會隨著我的身心狀態，時不時冒出來。也就是說，一旦得了這種病，一輩子都將與它為伍。甲狀腺機能亢進患者遇到壓力時，心跳會變得很快，快到自己會察覺，彷彿心臟要跳出胸口。於是它就變成我身體裡的警報器，提醒我情緒水位已經高漲。

身心一體，每件事都是一體兩面。

除了身體的覺察外，還有心理的覺察，不是每個人都得靠生病來培養自我覺察力。好比煩躁就是一種警訊。為什麼我變得這麼容易生氣？為什麼我突然失去了耐心？為什麼他一開口講話我就心浮氣躁，覺得厭煩？為什麼平日覺得幸福的小事再也引不起我的興趣？為什麼早上一睜開眼睛就覺得沮喪？為什麼同樣一間辦公室，我卻再也感受不到光亮？

這些都是內心發出的警訊，提醒你去找出答案的聲音。

這種時候要先釐清真相。釐清我是對事生氣，還是對人生氣？我是對事不滿意，還是對人不滿意？釐清之後，接著要評估。評估事情的難度有多高、多緊急。判別它的壓力期是短期還是長期，要投入多少身心準備來因應。思考這是自己能獨力處理的，還是需要他人協助？需要多少人？怎樣可以找到需要的人？除了人之外，還需要哪些資源嗎？有辦法取得嗎？沒辦法的話，應該預備什麼樣的替代方案呢？

有些事煩歸煩，但你知道你能解決，解決掉就停損了。但有些事不是短期內可以停損，好比碰上大型比稿，一個月內要準備多少資料、完成多少工作、溝通多少事情、應付多少突發狀況……這種時候，要等一切都完成才能解除壓力。

當內部不穩，當需要求援，當狀況失控，當枝節橫生，當突生變故，當時間緊迫……這些時刻你神經末梢感知到的壓力指數都會瞬間飆升。要能迅速釐清、判別情況，做出正確的因應，需要長時間的練習。練習久了，經驗多了，會自然內化成反射動作，甚至能搶先一步，知道該採取什麼措施防患未然。

通過以上的思考程序，會得到幾種可能的解決之道。我的 solution 永遠要加 s，是複數，不會只有一個。因為我長久的工作訓練是不能只給顧客單一選項，要有 options 多個選項。如果只給客戶一個提案，客戶一定會問：「還有嗎？」

隨著年紀漸長，我們也懂得了人生問題的對應方法也不會只有一種。就像從台北到高雄，手頭寬裕時可以搭高鐵去，荷包乾癟時可以騎腳踏車去，雖然會花上幾十倍、甚至百倍的時間，但兩邊的風景跟收穫會大不相同，沒有對錯。真正要決定的，是這個階段是錢比較重要，還是時間比較重要？所以，我通常會羅列出各種解決方法，再來檢視手頭的資源，評估哪一種方法最能帶來好的結果，也許最有效，也許最省力。

這樣的練習一開始不是很容易，不過，只要發現你是有

選擇的，你就比較不會慌亂。人生只有絕少的情況是走投無路，我們總是握有選擇，只是要把它們找出來，並且決定要付出多少代價。

學習到這個道理之後，我遇到任何事件，再怎麼心煩都會想辦法趕緊解決。我會要求自己先把心情放一邊，不要一頭栽進去。太快栽進心情裡只會讓心情蔓生成情緒，情緒會奪去主控權，把我們變成噴火龍，妄想噴出一把火可以撂倒對方，燒燬所有問題。人被怒氣吞噬時會產生攻擊性，這是生物本能。但情緒性的話語或行為就像利箭，一旦射出就收不回，很容易傷到人。一旦傷了人，或者讓自己後悔，或者為自己樹敵，帶來的後患都要花很多心力收拾，還未必真能善後。所以先不要處理心情，先處理事情。先聚精會神處理事情，就能進入前面說的：當你知道你有解決的選項，心情就會隨之安定下來。

這不是壓抑情緒。壓抑是你躲著它、避著它、不承認它，可是它總有一天會逮到你。捉迷藏玩得愈久，它就會愈滲透你，甚至以你的健康為代價，就像我的甲狀腺突然失控，爆發為機能亢進。你察覺到情緒上來了，你承認它的存在，但不隨它起舞，不被它主宰。因為情緒是被事態觸發而生，所

以解決事情是處理情緒的根本做法，發脾氣反而不是。發脾氣會把原本可以用來處理狀況的心力，消耗在於事無補的面向上。

但我們畢竟是人，就算事情解決了，有時候還是忍不住自艾自憐，覺得別人都不知道自己的苦。當情緒的後座力湧現時，我就想起天使有善惡這件事。

惡天使教給我們的東西，往往比善天使教的更有學習價值。上天為了讓你更強韌，會派某個人、某件事來給你磨難，讓你從過關中學過關，下次遇到類似狀況時能處理得更好。所以我會轉個念頭想：好吧，他為什麼要這樣對我？可能他沒有安全感？可能在人前沒面子？或根本輸了一場仗？也或者我真的做錯了？這樣說起來，對方也滿可憐的。同理他之後，再看看我該做什麼。無論做什麼，我回應的氣度都要比他高才行，這是我的自我要求。如果對方把溝通的門甩上，只用噴龍火來解決事情，那麼走開就好，不用理會。若是對方願意溝通，那我應該讓他知道，我理解他的感受，也明白若易地而處，我不一定能做得比他好，所以我們應該一起來想一想，怎麼因應眼前的情況。也就是說，我會用尊重的態度，針對事情回應；避開情緒的烈焰，避免被燒到，也避免

讓自己跟著火舌四射。

看別人哪裡做錯，永遠比看別人怎麼做對讓我們學得快，這種惡天使的教誨能讓我平靜下來。最終的重點是我學到什麼，對方怎麼看我根本不重要，人與人總在某個時間點愈走愈遠，沒辦法讓所有人都喜歡自己。

老天很聰明，祂給你訊息的時候，絕不會全都給好的。我們千萬要放棄的不切實希望就是「人生順遂」。順遂都是一時的，沒有人的人生能一路平坦。逆境讓我們練習自我覺察，分辨心情與情緒，這樣的智慧能讓我們學會狀況降臨時如何冷靜。

堅毅與堅持

70 分的人生，輕鬆過。
90 分的人生，努力才擁有

去年，我擔任英僑商會 Women in business 委員會的籌備委員及導師之一，商會舉辦了一系列深具意義的講座，主旨都是倡議鼓舞讓女性在職場上能受到更平等的對待，擁有更開放的職場發展空間。大部分議題探討的是現今職場女性在高階職位的發展機會，因為整體來說，目前高階職位的男性人數遠多於女性。即使女性的工作能力與男性不相上下，但是擔任 CEO 的女性比例比男性少很多。那場講座希望透過不同女性專業人士的故事，給現場大部分女性聽眾一些啟發。

　　特別有意思的是，邀請幾位講者的專業都在科學領域。科學界的傑出女性向來很少，我對於她們如何在科學界坐到今天的位置特別感興趣，也想了解她們付出過什麼樣的代價，

　　　　　　　　　　　「懂事」總經理的 30 個思考

得到了什麼樣的回報。其中有兩位傑出女性的故事令人印象深刻。一位是中央大學馬國鳳教授，他的專長是地震研究，曾在 2011 年獲得臺灣傑出女科學家獎。她從為什麼開始研究地震談起。九一一大地震時，一開始沒有搖得很大，女兒問她要不要往外跑，當時她的科學知識告訴她不用，應該很快就會沒事，但後續的震幅及災情令所有人跌破眼鏡並造成巨大傷害，她因而意識到人類對大自然的了解只是滄海一粟，於是投身研究這個領域。人要成功，找到能啟動自己引擎的動機，真的是第一要件，因為只要找對了，就算艱困到需要用爬的方式前進，你都會爬到目標。

她在美國深造博士時很是辛苦。一方面，這是男性為主的場域。另一方面，在一般人的印象裡，多半認為既然身為母親，就應該把小孩擺在首位，因為孩子的成長不能等，但她卻花很多時間研究及工作。偶爾一次，她到學校去看孩子時，一位小朋友的媽媽對她說，小孩的成長只有一次，像我就辭去工作專心陪孩子，也讓先生安心工作，妳卻只顧著自己，把心力都放在工作上，真的太自私了。

她在演講中直說：「那些媽媽說小孩的成長只有一次，可是我專業上的成長也只有一次啊，為什麼我就只能選擇陪

小孩？」這段話我覺得很精采，是很好的觀念逆轉。她沒有妥協，選擇辛苦地兩頭兼顧，也跟孩子充分溝通。拿到博士學位的那一天，她所有同學領到畢業證書後都在台上感謝家人、感謝「太太」的支持，讓自己可以完成學業，只有她說：「在今天這個場合，很抱歉我只想謝謝我自己，因為我真的很努力。在我努力求學，努力兼顧家庭的過程中，沒有人幫助我，我的先生、我的朋友都要我放棄進修，但我就是不能放棄。」

她知道自己要什麼，也堅持要成為那個有影響力、有力量的人，請注意，她說的是有影響力的「人」，不是有影響力的「女人」。她把自己做到百分之百。她說，直到今天她還是很努力，她帶領全台灣最好的地震研究團隊，除了觀察臺灣的地震，還跟美國及世界各國地質專業最厲害的高手合作專案研究，以求能更精準地預知地震，這一切，讓她覺得對社會有貢獻。

她成功的關鍵是堅持，以突破的視角回應傳統觀念。我不認為這叫反傳統，因為她雖然沒有妥協，但也沒有揚棄傳統，而是在傳統的制約中力圖拓寬限制，做自己想做的事。我們每個人或多或少都在面對傳統力量的約束，許多人就屈

服了，要找到不屈服的力量，真的要非常相信自己，才能跳脫別人的眼光。

另一位謝博士是一間半導體公司的創辦人，她的打扮很中性，一上台就向大家道歉說今天有點緊張。我原以為她可能是因為要用英文演講而緊張，結果不是，她說，因為我演講的對象向來都是男性，今天在座的卻多是女性，讓我有點不自在，因為半導體業幾乎全是男性的天下。

她的創業過程堪稱順利，拿到第一桶金之後便投資在設備上，很快得到回收後再投入更多創新，但這個看似容易的過程其實很需要毅力。被問到誰對她影響最大時，她回答是她父親。並不是因為父親給予她事業上的指引，而是，從小陪伴她較長時間的人是爸爸。爸爸也上班，但媽媽賺的錢比較多，所以一直是媽媽長時間在外工作，爸爸陪她的機會比較多。她對科學、數學的興趣，對邏輯的觀念都來自她的父親。

她說，我們家從來沒有什麼男尊女卑的觀念。她已經六十歲了，那麼早以前她家的觀念就很先進，爸爸不覺得媽媽賺得比較多，會令他丟臉，也從不抱怨太太不常在家，反而安心地陪著孩子。這讓她在成長過程中從不覺得「女生很

傑出」是問題，反而顯得天經地義。但光傑出還不夠，要在這麼「硬」的產業中打下一片天，必須要有強韌的毅力，我在她身上看到一個重要的力量：堅毅。

那天聽完演講後，我體會到堅持和堅毅感覺很像，其實不太一樣。堅持，是不屈服於反對的聲音，不屈服於得不到支持的狀態，不屈服於孤單的感覺，不放棄自我，相信自己的直覺與判斷繼續努力。堅毅，則是面對挑戰與困難時不退縮，兵來將擋，水來土掩，始終用穩穩的步伐披荊斬棘地一步步前進。

許多成功人士的性格特質中都有堅持與堅毅。決定堅持之前，一開始一定要了解自己是誰，喜歡做什麼，那是熱情的應許之地。如果你找到自己真正喜歡的事，就比較容易堅持下去，即使遇到困難、稍做暫停，熱情也能延續。如果選擇的不是真正想安身立命的領域，就很容易因為他人說東說西而不斷變換方向，最後只會愈來愈迷惘。

興趣與樂趣

從工作中找到樂趣
成為終生鍾愛的興趣

有一種人生活過得非常精采，很會做菜，很會打扮，很有品味，或很會衝浪、能登高山、擅長騎車⋯⋯我每次看到這樣的人都心生羨慕，覺得他們多才多藝，日子過得充實，有樂趣。但有一部分的他們，在生活上一條龍，卻在工作上表現很厭世，很乏力，充滿怨懟，非常兩極。好像工作對他們是無比的摧殘與剝削，只能從興趣得到安慰，找到平衡。大家講到生活要平衡時，聯想到的通常是擁有多彩多姿的生活。

我不反對這一點，但也不禁開始思考，興趣與樂趣對我來說是什麼。

我不是體能超好、很能上山下海的人，而且我花很多時

間工作，但仍能保持愉快的人生。如果你問我人生重來一次，我要不要一樣這樣過，很誠實地說，我的答案是 100% 肯定的。即使工作了這麼多年，我始終沒有倦怠的問題，而且大多數時候維持著開心的狀態，覺得這份工作非常有意思。「有意思」並不是不累，或工時不長、麻煩不多，實際情形正好相反。我這一行的工作內容隨著時代要求，愈來愈複雜細瑣，工作時間愈來愈長，壓力也愈來愈大，並不是人家羨慕的那種一百分的理想工作。但為什麼能甘之如飴？我想，是我從這份工作中得到了樂趣。我把工作上的學習，無論是美好的經驗還是慘痛的教訓，都轉換成學習的樂趣，之後就發現，解決問題或面對問題這件事變得愈來愈有趣，我的企圖心在學習，樂趣是收穫。

不需要貼我標籤，或叫我工作狂，對，我就是愛工作，因為工作讓我有腦袋，保持進步，也能變漂亮。

所以我釋懷了，就算我沒有上山下海的本領，喜歡工作一樣也能擁有樂趣。舉例來說，我不算是很會讀書的人，但透過我工作上的努力，如果能幫助一些人從讀我的書中得到樂趣，這讓我很有成就感。

很多興趣是天生，喜歡的事做起來自然會感到快樂，從

興趣中找快樂是天經地義的。不過，我覺得把一件你可能一開始不覺得有趣的事，透過鑽研和努力學到透徹，克服困難再前進，這個過程同樣會帶給人突破與邁步向前的樂趣，所以工作就不會顯得無聊，就算有無趣的部分，但不妨礙你獲得往前進的動力。

我同時也認為，玩樂重的是品質，不是時間的長短。我現在參加大學時代朋友的一個重機車團，我的朋友學長們平時努力工作，週末去騎重機，在騎重機的過程中培養出非常堅定的團隊精神及吃喝玩樂的玩伴，這是很好的，他們不會因為只有週末能去溜車而洩氣。我認為工作的付出要和生活的投入並行。人生很長，能擁有一生的興趣非常可貴，但工作的時間也很長，在工作中找到樂趣也很要緊。找到樂趣不表示之後會一帆風順，但是會讓工作變得更有意義──對自己的意義。這很重要，因為工作占到人生的時間真的太多了。

要能在工作上找到樂趣，有幾個關鍵因素。首先，這份工作一定是你不討厭的，如果你對這份工作發自內心感覺厭惡，那就得認真地重新思考。其次是找出你做這份工作的目的，而且盡可能要在養活自己和養活家人（這是必要條件）之外，還具有其他目的。這裡說的「其他目的」將決定你在

這裡可以得到什麼，如果不只一項，你這份工作的壽命會比較長。把目的設定好，就比較能堅定地知道怎麼前進。工作就是這樣，達成一個目的之後，接著再完成另一個目的。人多半都沒辦法或沒意願工作到死，所以有階段性目標很重要。

不過，目的不一定是職位。如果你設定的是職位，很多時候會因為沒辦法想得到就得到，於是容易挫折。目標的設定最好是無形的，例如學會一項技能、一項專業，之後再往上堆疊一項專業。這項專業與那項專業之間不必要考慮工作上的應用性，也沒有好壞之別。有所累積之後，它們會成為你的人生工具，做為將來自我成長、公司成長或團隊成長很好的利器。

針對這點，承蒙今周刊的方德琳小姐及孫蓉萍小姐在2015 年 5 月 14 日出刊的一篇我個人的專訪，標題放上了「奧美謝馨慧：我的企圖心在學習，不在職位」，給了我實質的肯定及註解，這真的是一個永遠「學不完」的時代。聚焦在學習，剛開始可能只感覺對自己有意義，但隨著你會的知識或技能愈來愈多，你會發現公司變得很愛用你，同事變得很喜歡請你參與任務，你能做的事變得愈來愈多，範圍愈來愈大，慢慢地升職與調薪一定也會水到渠成。所以，把心力放

在學習，找到學習的樂趣和挑戰的樂趣，可以找到長期往下走的動力。

工作就是在處理人、處理事，兩者之間沒有孰輕孰重。在跟人的相處上，可以培養更高的 EQ，管理好工作情緒，管理好合作狀況，讓別人來幫助團隊、幫助自己都重要的事。更進一步，可以學習當個 leader。leader 不見得是發號施令的人。我發現，一間公司中真正的 leader 常常不是職位最高的那個人，而是那個說我們今天中午吃什麼，就能一呼百諾的那個人。一個人的身邊若永遠充滿想要接近他的人，那他就是一個有影響力的人，讓自己成為具有正面影響力的人，也是一項學習與成就。

論做事的精進，真的就是技能、技能，專業、專業，知識、知識。要在這個輪迴裡找到樂趣。從不會做 power-point 到會做 power-point，從不會簡報到擅長簡報，從一上台就腿軟到可以從容 handle 一場幾百人的活動，把客戶不懂的東西講到讓客戶懂而且買單，甚至把小單變成大單，這些都是成長與成就。成就感會帶來樂趣，所以，盡可能把注意力放在會讓你感覺到自己在進步的事。

萬一，當自己具備了斜槓的才藝，卻得不到相應的職薪

報酬，甚至反而淪為公司「好用」的廉價員工或工具人，那該怎麼辦？

這種時候我覺得要把眼光放遠。你利用公司的資源，在工作上學到的所有東西最後都是自己的，誰也拿不走。如果因為「好用」而有機會接觸到公司運作的每一項專業，一一學會，那你勢必會成為公司不可或缺的人才，無疑是為自己買下最優值的保障。何況工作機會並不只有眼前這一個，把時間放長放遠，當能力面向擴增，專業度深化，EQ 提升後，你的工作選擇之門絕對會隨之打開。

命運與運氣

平凡的出身
是我一生最大的幸運

我一直不覺得我是個好命的人，相對於那種含著金湯匙出生，可以比別人少奮鬥幾十年的人，我平凡而且資質一般。小時候也曾感覺不平衡，但經過幾次事件後，讓我對命運與運氣有了新的領悟。

　　我開始工作後的第八年，在擔任總監的位置上，我毅然決然地暫停工作到英國念碩士，因為當時已經遇到我的職涯天花板，同時夢想清單上的「出國念書及生活體驗」，又常在午夜夢迴呼喚著我，於是我就把所有積蓄都投入出國讀書，真的，全都花完了，只為未來不留遺憾。拿到碩士重新回到奧美時，參與了一個集團 360 品牌實驗部門一年半後，再回到奧美公關服務。

因為當時公關組織業務已經相當穩定，沒有空缺，所以，白崇亮董事長決定讓我新創一個公標案的部門，至今我仍感恩不盡。那段時間我必須自己找生意，以政府機構為開發對象，隨時隨地關注各式標案，從中開發客戶，那是我這輩子與公務機關接觸最頻繁，最密切學習他們作業與工作方式的時期。創立初期有個政府相關部會的案子要招標，我與團隊同仁做足準備，用專業行銷方式來操作客戶想要的議題，我懷抱十足的把握，結果卻失敗了，沒有拿到案子。標案這種事從來就只有第一，沒有第二，願標就是服輸，雖然當時很缺案子很需要業績，雖然心裡十分喪氣：我投入了這麼多力氣，老天爺卻不願眷顧我；我的部門還在草創期，那麼那麼的需要生意，祂卻無動於衷。但仍然自己給自己打氣，提起精神繼續找案子。

　　這案子最後得標行銷公司的總經理是我過去的客戶，當時還未成為同業之前的她，擔任一家外商公司總經理，相貌美麗、身材姣好，家世顯赫。我開始觀察他們的工作方式，為什麼能夠得標，研究委員們如何思考。與胸有成竹的提案錯手而過，我心裡始終有疑惑。但日子被許多事推著前進，忙碌使得我漸漸淡忘了。過了一年左右，我竟然從報紙上看

　　　　　　　　　　「懂事」總經理的 30 個思考

到這案子被列為弊案，得標公司跟招標部會打起了官司。我嚇了一跳，第一次感受到巨大的反差：原來自己這麼幸運！如果當時我拿到這個案子，會不會出現在社會版上的人是我？！一年前強大的失落感在那一刻全都轉成了慶幸。

另一次印象很深的經驗是 2012 年北部一主要城市的重點交通區大型建設標案。因為當初得標的公司後來被證實是空殼公司，引發了很大的司法調查及弊案。在這個專案的內幕還沒被揭露時，這家公司來找我，希望我們協助舉辦簽約記者會及一系列形象及宣傳活動。我當時覺得這是天大的好機會，我們可以參與一個大型地標的落成，就像奧美公關 2004 年協助台北 101 品牌公關活動那樣風光，既有名，又有利，還可以站在世界舞台上，讓台灣發光發熱，這種大案子是我夢寐以求都不見得盼得到的。花了三個月全力投入，結果竟在簽約前夕，從新聞跑馬燈上得知，客戶因為財務問題沒有遞送合約與保證金，被迫棄標。

這是我第二次體會到巨大的震撼：還好記者會還沒舉辦，還好我跟客戶的約還沒簽，不然，這麼大的危機我就算花盡時間心力也未必救得回來，還可能賠上信譽，因為這案子的所有合約廠商後來都被警調單位約談。我當時深深覺得自己

命大，只損失之前花在規劃上的時間，老天爺眷顧我，沒有讓我捲入這個龐大的漩渦。

第三個事件，是 2017 年，南部一個主要城市的某造船公司承接國家級戰艦製造，CEO 打算將集團上市，在朋友的介紹下，我有機會跟這家公司的 CEO 及高層碰面，商議合作事宜。那間公司是在海港旁獨棟綠色建築，視野很好，配備完整，同時還計畫安排我們去參觀他的工廠，每一個細節都讓我覺得這是一筆好生意，一個我應該把握的好機會。沒想到，臨到要簽約時，對方開始拖延，拖了快半年約都沒有簽下來，我從很積極、很興奮的心情，到後來被磨到失去信心，轉而開發其他案子。一樣的是，有一天突然看到新聞快報，說此集團涉嫌某某事件，檢調已經積極介入。看到新聞時，我還眨眨眼睛，再確定一遍自己沒有看錯。這是我第三次的驚嚇與慶幸：我運氣真好！

這三次都是我原本很想要、很需要，也做足了準備，但不知道為什麼就是拿不到。看到結局才發現原來真是福不是禍，原來老天爺真的很疼惜我，祂讓我避掉了非常嚴重的災難。這三個刻骨銘心的例子讓我體認到：我忠貞地相信我是個被祝福的人，如果老天現在不給我，一定有祂的道理，可

能祂看得比我遠，可能我需要再多一點試煉。祂讓我得到這個，一定有原因；祂讓我失去這個，也一定會有道理。一定會有功課要學。

命運是未知的。人們經常花很多力氣去責怪、去比較為什麼我們的出身不如人，際遇不如人。但張忠謀先生曾經講過一句至理名言：人沒有圓滿的。由此推演，每個人都有缺角，你缺的角跟我缺的角可能不一樣，但我們同樣不圓滿，而那個缺角就是我們要學習的地方，我們也因為圓有缺角而有了腳可以站立起來。

有智慧的人可能經過一生的學習，臨到閉眼的那一刻能把他的缺角補平，或是不在意缺角，或是自然看不見缺角了。缺乏智慧的人可能愈接近臨終那個缺角愈大。放下比較心之後，看待「事與願違」會比較平常心，也比較能看清自己應該努力的地方。

這十年多來，我在比稿時已經不去探問有哪些競爭對手，為的是減少外部資訊對情緒的干擾，因為專注解決客戶夜不成眠的生意議題才真的重要。如果比稿輸了，我就回到自己、回到自己的提案，檢討下次應該如何修改，更能符合客戶的需要，而不是一直把注意力放在競爭對手上，自陷於忿忿不

平的情緒裡。意料之外的是，這樣的調整讓我感覺自己是全世界命運最好的人，拿到案子是一種成功，失去案子是一場學習，我都沒有損失。

在日本，路線指示牌會用「順路」來標示行進方向，我第一次看到時深獲啟發——對啊，順著路走就好了。人生就是順著路走，有大石就繞過，有洞就跳過，不然就把它剷平，繼續往下走。

脆弱的時候我也會尋求哲學的指引，我相信世界上有一個萬能的天神，祂的力量是存在的。祂有各種化身，在我媽媽眼中是觀世音菩薩的樣子，在天主教徒眼中是聖母瑪麗亞的樣子，在傳教士朋友眼中是耶穌的樣子……每個人看到的樣子可能不同，但在我心裡都是相容而不相斥的。當我們透過各種形式（拜拜、禱告、禪坐、收驚等）向心中的那股力量傾訴時，我們也在親近自己的心，釋放情緒，從而獲得安定，獲得繼續前進的力量。

掌握了讓自己穩定的方法、正向的方法後，好運和好命就會在無形中站在自己身邊，你會感覺到自己是幸福之人，而且開始相信你人生的缺角對你來說，是無比幸運的禮物。

信念與信心

為人生設定 GPS
生命不迷失

2018 那年暑假的親子壯遊，我跟兒子一同去了尼泊爾參加志工服務，同行者多半是高中生，也有一些大學生自發性參與。這趟行程有兩個目的：一方面，希望讓兒子看到世界不同的樣貌。台灣的媒體資訊偏向日本或西方，受到好萊塢文化影響很大，崇尚優渥的物質環境。我希望他在年紀還小的時候就了解，世界上有著許多與台灣差異很大的文化、環境及價值觀。他一開始很抗拒，因為有些同學去了美國、加拿大、日本，或者在台灣的各地渡假村玩樂，或參加夏令營，為什麼只有他要去從沒聽過的尼泊爾。志工訓練時在大哥哥大姊姊帶領下還勉強願意，到分配工作時他就擔心了，因為小學剛畢業的他被分到教當地孩童英文，而他對自己的英文

程度沒有把握。

　　另一個目的是為我自己。我人生第一次出國就是去尼泊爾，用的是我大學畢業後存的第一筆自助旅行基金，當時因為經濟能力有限，加上我喜歡神祕國度，尼泊爾便成為我最渴望，也是少數能負擔的選項之一。時隔二十五年我再踏上這個國度，彷彿是冥冥中的安排，讓我沉澱、回顧這一路走來的點點滴滴。

　　我們是那團唯一的親子檔。我希望透過這一趟旅程，創造與孩子的共同經驗，但不想亦步亦趨跟著他，以免他逃避、依賴或厭煩。所以我決定跟他分在不同組別。他在課輔組，輔導當地幼童英文、數學等學科功課；我選擇待在後勤組，負責煮飯、社區服務（例如油漆校園），也去田裡幫忙種植橘子、咖啡等作物。後來有位工作人員提議我去教學組，培訓當地學校老師，沒有在地教學背景的我很害怕耽擱校內老師的進修，但工作人員說只要傳授我想分享的任何知識就好，無法推辭就先答應再來想辦法了。

　　所幸那團教學組還有另一位志工是真正的老師，是來自香港的 Tobby，我因而比較安心。我們在尼泊爾第一次碰面之後，她告訴我，一共有五個整天的課，受訓老師會分為 A、B

兩組，我們可以分工，以同樣的課程上午教 A 組下午帶 B 組。我帶了之前學教練 Coach 課程所接觸到的幾組價值觀圖卡，打算讓受訓老師們對這特定題目抽圖卡表達觀點及看法。

我們參訪的地方是波卡拉市喜馬拉雅山區一個很貧窮的靠山村落，山區裡只有九十戶人家，學校裡共有一百四十八個孩子，包括幼稚園到國中。主辦磐石基金會行前說明時志工詳述，當地無自來水，電力極不穩，Internet 或 WiFi 微弱到有跟沒有差不多，所以也不用浪費錢辦國際漫遊。事實上，校方的資源非常匱乏。在當地，擁有高中學歷就可以擔任教職，但沒有受過正規培訓。環境不佳、薪資不高、專業訓練有限，加上學生家長幾乎都不識字，教學熱情得不到回饋，長久下來他們的教學動力也單薄了。

基金會志工希望我和 Tobby 老師的課程能協助提升學校老師們的士氣，因為校長是個控制欲強又墨守成規的人，年輕老師沒有太多發揮空間，往往待不了多久就離開。這樣的惡性循環成了學校的另一重困境。

剛好 Tobby 老師帶了一組樂高，我們討論後，決定針對老師們缺少教學熱忱的問題設計一套新課程。先了解各位老師們為何要從事教育的初衷及他們的價值觀與理念、也同理

了解他們目前的困境，再從其中找出團隊的交集，協助他們對話勾勒願景，形塑出他們想要打造的學校，最後用創作樂高作品來實際做出一個屬於每一位老師的夢想學校。這套方法我在工作上已經駕輕就熟，但用在這個學校管不管用，還真的試了才知道。

課程開始後，我們發現每位老師都有各自的故事。有一位老師是虔誠的基督徒，他放棄了加德滿都比較優渥的薪水，回到山區教這些孩子，因為他覺得這是上帝交付給他的任務。另一位老師在貧困的環境中長大，基於對這所學校與這片地區的感情而回鄉教書。還有一位個子不高的老師，雖然教學資歷不深，但談起他對這所學校的使命時，看上去就像個小巨人，一肩承攬所有的責任。

校長比較保守，對於志工的到來持觀望的態度。雖然有心讓學校更好，但因為已經擔任校長十年，也碰到了瓶頸。

我準備了五十張「Power of love」卡片，包括尊重、和諧、信任、溝通等愛的元素，希望能讓每個人選出他們內心相信的價值，再歸結出共同點。首先，請大家挑出這些卡片中最能代表自己教書信念的詞彙，再讓他們討論擔當老師的樂趣是什麼、希望學生學到什麼。先引導他們回到第一天教學時

的熱情，找出動機（Why）。

　　一開始大家都有點不安，疑惑著要對我們兩個陌生人講這麼多事嗎？但當課程一反原本上行下效的模式，讓他們成為台上的主角時，便陸續有人卸下心防，侃侃而談。到後來，原本觀望採不信任的教師、廚房裡打雜做菜的廚娘都進來了，椅子愈搬愈多張。

　　A、B兩組成員的價值觀各式各樣，難以統合，於是第二天，我的任務是拉近這些觀點的距離，引導他們去聆聽他人、認同他人。方式是進行第二輪投票，每個人有五票可以投給自己認同的價值，若你的主張沒有勝出，也可以申訴。就這樣，A、B兩組各自篩選出四、五張代表理念價值的卡片。有趣的是，A組老師的年資較深，他們篩選出的價值觀與較年輕的B組教師有著顯著差異。

　　到了第三天，我們讓A、B兩組討論各自篩選出的價值觀，並決定優先順序。於是，一群各自不同的人透過這樣的討論，首次正式分享彼此的理念，就連向來發號施令的校長也坐下來聆聽。之後，兩組不約而同選出的字眼為Joy（喜樂）。大家一致希望教出一群明白生命喜樂的孩子，希望在教學過程中自己是喜樂的。因為有喜樂的學生和喜樂的自己，就能在

這個山區傳遞喜樂的訊息，教育是傳遞的途徑。這目的跟台灣為了考大學、找好工作非常不同。擁有這麼強大的信念，難怪他們可以忍受沒水沒電，在這樣艱困的環境中待下去。

第三天之後，我們請兩組老師們根據「喜樂」的定義，用樂高蓋出他們想要的學校。老師們第一次看到樂高，開心地玩了起來。其中一組老師的工作內容比較偏行政，他們蓋的是 WiFi Power、Media Center、蓄水池；另一組較偏教學，蓋的則是科學大樓、藝術大樓、電腦大樓。我們在一旁觀察，覺得很有意思，果然，沒多久 magic moment 就出現了。有位老師突然說，為什麼我們要蓋兩所學校，我們明明就是同一所學校啊，來，我們把圍牆拆了！他一講，其他老師隨之應和，七手八腳地，紛紛動手把兩所學校合而為一，成為一個更大的學校。

我倒抽一口氣，沒有預期到的這一刻，讓現場的每一位老師都非常感動，這一整個過程就是喜樂，喜樂就是這個學校的 GPS，任何違背這個信念的決定都會被推翻，這是一顆定心丸，一艘大船的定錨，一個登山者的指南針！在我眼前的這個高山學校的示範，是我們更進步、更文明的社會也未必見得到的一刻。這是因為信念而築夢的實例。

但隨著高亢的氣氛而來的，是馬上跌回的現實。好比WiFi Power 不是說蓋就能蓋，事實上，那個村落連電纜線都沒有。我知道現實有各種困難，我的任務是點燃他們的夢想，同時，協助他們找出讓夢想在現實中存活下去的方式。

又過了一天，我們讓大家看著那所樂高蓋成的學校，請大家用滿分10分表示自己多想去這樣的學校任教。A 組的分數是 9.5，B 組是 8.5。接著問大家，有多少信心可以打造出這樣一所學校？這時得到的分數是 A 組 3.5 分，B 組 4.5 分，可見信心指數相當低迷。

「信心」分為兩個層次：一是專業與技術是否能達到，二是資源是否足以支撐，兩者缺一不可。我告訴老師們，不要被眼前的困境蒙蔽了。我們不要寄望美好的一切明天就會發生，它可能十年、二十年後才到來，重要的是我們要從現在起一件、一件地去完成。我也擔心我們短暫的志工服務結束後，此刻的熱情就變成南柯一夢，所以必須做成幾個行動計畫，絕不能像以前那樣校長說了才做，更何況校長也不知道該怎麼做。

我們照例分組，每個人提出三件最該先做的事，共同討論後將之歸類，共分出五類，再請老師們將各類問題排出順

位，決定處理的先後順序，並判斷出因為政治或社會環境而無法處理的項目，再聚焦在可以處理的項目上。最後篩選出的項目包括：該地區的自來水系統、電力、教職員進修、加強親師之間的溝通（例如定期家庭訪問、家長會）……隨著問題一一被界定，看到自己能做什麼，大家的信心指數也開始上揚。

先有了堅強的集體意識（信念），再將原本混沌不明的困境一一釐清，找出對應之道，經過這樣的程序後，人就不會再盲目地沒信心，就能凝聚士氣，一個團隊也於焉成形。

這個從無到有的過程帶給我很大的感動，是我這趟尼泊爾之行意料之外的收穫，而其中，我受益最多，大家以為是我幫助了這些老師們建立願景及共識，事實上，是他們的恆心、真心及信心教導了我，我感受我所擁有的已經太多太好也太幸福了，特別是擁有了給予的能力，這令我充滿喜樂，更加倍感恩。

真實與誠實

○
○
●

信仰真實而非完美
成為我職涯的最愛

無論你多喜愛一個產業，隨著內外環境的變化，消費環境的演進，每個產業都會改變，都需要與時俱進，為的就是不讓過去的成功成為眼前最大的絆腳石。

　　我大學讀的是大眾傳播，工作長期的訓練是如何做好新聞或公關工作。大家常說公關是企業的化妝師，這是傳統的看法。我覺得我不只是化妝師，舉例來說，可能更像個導演。導演的意思是，我必須完整拍好一個叫好又叫座的電影、聚集好的編劇、腳本，燈光、音響、舞台都要架好，現場的氛圍要對，妝髮師要把主角的造型打點到位，攝影師要能拍出美美的畫面。這一切，我們必須通通順過，依照消費者的需求，協助客戶做到的極致企業或品牌形象表現，去規劃這場

活動，感動目標群眾。每個環節都必須精準，台上的演出不能有絲毫誤差。我們確實比較熟悉媒體，對於受眾想知道什麼比較有經驗，也擅長透過螢幕來建立或傳達人們對這個品牌的印象，這是我所從事工作的基本樣態。

可是這一兩年來，有一些讓我非常驚豔——一開始是驚嚇，後來是驚豔的結果在顛覆我的思維，例如近年很受歡迎的實境秀。實境秀也會剪接包裝，但會呈現當下最真實的樣態，不能讓人感覺做作。我會看幾個韓國的綜藝節目，例如《孝利的民宿》（有另一個類似節目叫《一日三餐》）。孝利是曾經很紅的女星，家在濟州島，目前是半退隱狀態，有點年紀了但依然很漂亮。她先生也是音樂創作人，他們在濟州島擁有一片很大的土地，蓋了一間房子自己住，節目中他們將房子開放為民宿，由製作單位安排各式各樣的人去住，民宿主人要自己打掃房子，準備早餐，還要跟住客們互動。來客因而進入他們的生活，進入他們的廚房，進入他們的浴室，進入他們的臥室，進入到他們的生活空間。第一次看這節目時，我活生生被嚇壞了，因為螢幕上的孝利時常穿著鬆垮的睡衣與房客互動。很多女明星就算退隱了，遇到攝影機還是會精心打扮，總要容光煥發地出現在人前，怕人家看到

醜陋的那一面。但孝利任由各種睡姿攤在螢光幕前，頭髮沒梳，臉部無妝，甚至早上剛醒來眼睛還有點浮腫也不在乎。因為是實境秀，必須美醜好壞都一五一十呈現在觀眾面前。我驚訝於她怎麼能有這樣的勇氣，她本人、她的經紀人真的不擔心嗎？

　　接著，他們找來當紅女星 IU、潤娥等去民宿打工。宿舍在孝利家外面，IU 每天穿著鄰家女孩式的衣裙，戴著很樸素的帽子，背著路邊攤買的包包，臉上化著淡淡的妝。打工時她會搶著洗碗，因為她只會洗碗，學了好久才學會煮湯，還會被嘲笑走路、跑步的姿勢像鴨子。也就是說，這個節目不是告訴觀眾 IU 擅長歌唱或演戲，而是呈現她鄰家女孩的純真面貌。

　　節目單位的想法是，觀眾在改變，精緻包裝已經太常態，不足以吸睛。反璞歸真，貼近真實的內容反而更能吸引觀眾。雖然任何節目都經過設計，但以結果來看，過度包裝的佔比已經非常低。精緻化大家都會，相互競逐無有止盡，這時，製作單位索性拿掉這些做作，改用自然包裝，找到並強化藝人本身的優點，不是因為這樣比較炫，而是消費者的胃口改變了。

回到網路社群來看，你會發現政治人物也開始改變過往高高在上、領導人民的形象，轉而展露出平易、真實的一面。人們會原諒一個懂得說「對不起，這件事我疏忽了」的政府官員，而不是因為他的疏忽就判定他無能。把政治人物當眾跌倒的畫面 Kuso 成宣傳話題，大書特書，這種事在以前很難想像，跟我一直以來認為應該為客戶做的品牌管理也不一樣。我過去學到的是一定要拿出最好的一面，一定要所有環節都準備妥當才公諸於世。出錯時要立刻發新聞稿詳細解釋，而不是直接回答自己並不清楚出了什麼狀況。

　　這形成一種奇異的氛圍。像川普，那麼多人對他有諸多意見，卻還是去追蹤他的推特。因為他知道許多人會挑戰他，知道媒體會以各式各樣的角度去解讀他的話，可能是對的，也可能會偏離他的本意，所以他選擇做自己的發言人。當然這可能也是一種運作，但它的確呈現出更真實而非更精緻的態度與內容，給人不隱瞞的印象，藉以營造選民的信任。這種信任建立在：我不怕你看到我出糗，我不怕你看到我醜，我不怕你看到我犯錯。這是「真實行銷」的力量。

　　我們會喜歡、接受一個人，通常是因為看到了真性情、不扭捏的對方，然後為之打動。但當這個對象是在螢光幕前，

無論是一場秀還是一個節目，一定還是經過剪接、經過情節設計，一定還是有某個部分經過操作，不是百分百真實的。這類操作如果背離了誠實的原則，就可能招致更大的反彈。例如，如果今天一位政治人物在募款過程中宣稱他公開所有開銷，但未來卻有一筆不清不楚的錢被查出來，那麼「真實」與「誠實」之間便產生了巨大的衝突，那份真實就會變成一地碎片，蕩然無存。所以，「真實行銷」是一種高風險的行銷手法。一方面，不是所有人都喜歡「真實」，因為真實有其粗糙、鬆懈、懶散的一面，就像我們未必喜歡另一半的所有部分。其次，不要為了銷售你打造出的「真實」而隱瞞或掩蓋某些具有殺傷力的缺點，因為你遮掩起來的部分，將來會潰爛成致命的傷口。

也就是說，一旦選擇真實行銷，就必須保持高度的誠實，你的承諾才會被人們信任。反過來說，危機處理時的一大重點就是：就算無法說實話，也絕對不能說謊話。什麼叫既不說謊又不說實話？舉例來說，當你被問一隻黑筆是什麼顏色時，你回答是黑色，這是誠實，你若回答紅色，那叫說謊。如果遇到不能說實話也不能說謊的情況，你可以回答：「這枝筆不是藍色，也不是紅色。」重點在於，就算不能和盤托

出也不能欺騙大眾，這是守則，也是「真實」與「誠實」在
行銷運用上需要注意的地方。

　　這確實就是我能長久吃這行飯的必備本事跟傢伙啊！

冷靜與平靜

止水心靜，
心靜則明

我對冷靜與平靜的體悟，來自近幾年生活上的重大變動：我媽媽在毫無徵兆的情況下突然中風了。她既沒有高血壓也沒有心臟病的病史，沒有人預料得到會發生這樣的事。

　　2016 年農曆年期間，我媽媽的眼睛開始冒出紅色血絲，常常頭暈。因為我爸爸長期身體不好，她要照顧爸爸之外，同時還要照顧其他家人的起居，讓她承受著很大的壓力。我帶她去診所看醫生，但因為症狀不明顯，醫生沒有做腦部檢查。幾天後，她開始狂吐，無法站直，這時中風的念頭突然從我心中冒出來。我馬上送她去醫學中心急診。那天是大年初三，急診室內外都是病人，醫生讓我媽稍事休息，幫她做一些初階檢查後，認為不是中風，可能是年紀大血壓不穩定

導致的，應該沒什麼大問題，便打了止吐針，開了藥讓我們回家。但是回家後，她的眼睛沒有好轉，反而愈來愈紅。我又帶她去看眼科，眼科醫生也說眼壓比較高，持續治療就好。這過程中我甚至想過帶她去看精神科，也許她壓力太大，心裡有什麼問題沒辦法解決，導致了憂鬱症。直到有一天，她晨起下床後走路偏斜，我立刻急送醫學中心，醫生這才發現是腦部動靜脈血管廔管，要媽媽立刻住進加護病房。一住進去腦中風加護病房就是二十二天，前後做了三次腦部手術，等於是從鬼門關救回一命。

我有四個妹妹，分居在不同地方，只有我在台北；而我父親是位多重慢性病患者，全身十幾個部位有大小不一的毛病。媽媽平時是家裡的支柱，她一病倒，我們的生活步調大亂，我必須馬上重建秩序，安排好所有事情，包括媽媽的治療、妹妹們如何輪流來照顧，父親如何往返醫院與家裡，以及孩子的起居與課業、我的工作等等。

台灣的健保制度規定住院不得超過二十八天，也就是說，如果希望媽媽在專業醫療的照顧下好好治療及恢復，每隔二十八天就要幫她轉院。於是我們從榮總換到北醫，從北醫換到萬芳，最後再從萬芳換到北醫，那段日子我的腦力和體

力嚴重超載。加護病房的探病時段是固定的，在無法很快找到看護的情況下，我每天一早到醫院，趕第一班八點看媽媽，之後到公司上班，晚上再趕最後一班探視，如果臨時需要什麼補給，或有什麼狀況，就午休時間再去一趟。就這樣，我兩頭奔波過了近半年。

另一方面，父親很擔心媽媽的病況，但他的行動能力和健康狀況又令人憂心。他不顧自己，堅持轉兩班捷運，再走十五分鐘路程，要去看我媽，常趁我上班時一個人偷偷去醫院。我打手機想確認他的安全，他又因為重聽，常常聽不到手機響，我經常因為找不到他而擔驚受怕。這對我來說無異於雪上加霜，那種無助的心情不知道怎麼形容。後來，媽媽好不容易出院，我以為終於可以喘一口氣了，事情卻沒有這麼順利。

我媽雖逃過一劫，但中風依然留下陰影。她不能再像過去那樣行動自如了，而是需要妥善照顧。我於是陷入擔心地獄，時刻恐慌於接下來要怎麼辦。我自以為把一切都安排得當，媽媽出院接回家裡後，找到外傭、找到附近的醫生、安排好去復健的交通、復健的時程表、安排好爸爸的照料，有沒有什麼要特別注意、有沒有更好的治療方法，孩子的起居

　　　　　　　　　「懂事」總經理的 30 個思考

怎麼兼顧、功課如何⋯⋯為這些耗費的心力與原本就繁重的工作每天塞滿我的腦子。

有一天，我一早要到台中開會。清晨五點半，深怕趕不上高鐵，我需要比往常更早晨起淋浴準備，可是媽媽在外傭協助下正在使用浴室，心急的我不能催促。輪到我時，時間已經非常緊迫了。我急忙洗完頭髮，我左手拿著吹風機吹頭髮，急忙右手伸出去撈毛巾，突然腳下一滑，整個人摔進浴缸，右上臂受到巨大衝撞，嚴重移位成手臂向後的畸形姿勢。劇烈的痛楚讓我的喊叫聲大到恐怕整棟樓都聽得到，嚴重重聽的爸爸輕輕察覺了，問我怎麼了。我又驚嚇又疼痛，一直哭喊著說我的手斷了。沒戴助聽器的爸爸聽不清我說什麼，以為是普通的撞傷，問我要不要貼撒隆巴斯。媽媽躺在床上，行動能力還很低。孩子剛起床，等等要上學。剛剛請到的外傭跑來查看，卻愣在一旁不知道怎麼辦。看到這場景，我的心與身體同時大崩潰。我需要協助，但沒有人可以幫我。

即便自憐，問題還是得解決。我咬牙在疼痛之下保持冷靜，思考我怎麼自救。時間這麼早，也不能麻煩朋友，交代孩子自己搭車去學校後，交代外傭先跟我去醫院後，再回來照顧兩老，同時打電話叫計程車送我去急救。我不敢叫救護

車，怕救護車的警鈴聲劃破安靜的清晨，給鄰居帶來驚擾。

到了醫院，我跳針似地跟急診醫生大叫：我的手斷了，我的手斷了，我爸媽很老，孩子很小，還要工作養家，快救我……。醫生要我冷靜，先不要擔心，他先幫我打止痛針，可是手臂已經嚴重移位到沒辦法打，拍 X 光也痛到不能承受。醫生最後宣告我的右肩嚴重脫臼加上部分骨裂，要全身麻醉以調整移位，讓骨頭回到正確的位置，以免我在清醒狀況下過度痛苦。

我醒過來的時候，手臂已經復位。醫生說大脫臼已經調回來也已固定，骨碎部分只能讓骨頭自己癒合，之後必須按時吃維他命 B，好好休息，半個月內不要動到手臂，等它慢慢復原。但兩天後我發覺不對勁，換藥時一拆掉繃帶，手臂便軟弱地下垂，施不了力，也無法舉起來，右手廢了嗎？我看著無力而下垂的右手，心裡滿是驚慌，負面的聲音一股腦地衝上來：我是右撇子，失去右手要如何工作，如何生活，如何照顧我的家人！

再緊急回到醫院，醫生安排我做神經檢查，結果顯示神經壞死三分之二。醫生說壞死的部分會慢慢長出來，但是速度很慢，需要一年左右的時間，這期間除了固定吃維他命 B

群外，也要定期做復健，幫助神經恢復功能。醫生的話燃起我一線生機，我向老闆報告，調整工作時間，按表風雨無阻地準時到復健科報到。

我的人生到了這個時候，專注力才真正完全回到自己身上。過去太長的時間裡，我關注的是身邊的人，是工作，總是下意識把自己擺在最後順位。直到摔了這一跤，我才覺醒過來。

復健很痛苦，當時的我連拿起圖釘、釘進黏土這麼簡單的事都做不到，一切從零開始，舉手練習更是劇痛無比。但是我不放棄，復健是我找回右手唯一的希望，我不能放棄。

在漫長的復健過程中，我開始回顧一切。為什麼我那麼晚才注意到媽媽的身體狀況？為什麼我對身邊親愛的人這麼粗心，卻那麼在乎客戶的每一通電話？媽媽不是度過了最艱難的一關了嗎，我不是已經把混亂如麻的事情一件一件穩定下來了嗎？我為什麼會在這個節骨眼摔跤跌倒？

原來好長時間以來，我都處於看似冷靜混雜著紛亂的狀態，我的內心常不平靜，不安全。於是我告訴自己，現在，復健期間，我的身體第一，其他都是次要。我的手臂如果不能恢復，我的生活、我的工作就不可能重回軌道，顧此失彼

是沒有用的，我得先把自己顧好。

於是，除了開始訓練我笨拙的左手學習因應日常生活的所需之外，只要約定時間一到我就去醫院，無論工作上有什麼要事，無論多痛，我都要去復健，這樣的信念無比強大。漸漸地，我日復一日直視自己右手的無能，直視自己內心的挫敗，直視身體的痛楚，在與自己相處的過程中，我一點一點地找回健康，一點一點地整理內心，梳理紊亂的思緒與生活的節奏。

這段悲慘的經驗，意外地讓我體會到難得的平靜。當日常忙碌，當身邊的人事令人擔憂、分神時，我們多麼容易硬撐，甚至欺騙自己已經料理穩妥，已經 under control，直到身體發出警訊。

有位老師曾送我幾個字：「止水心靜，心靜則明。」時時體察內心的平靜指數，不被冷靜的外表所惑，是我那段日子裡最大的體悟，也從此再造了我的生命。這個人生功課學費沒有白付，最終，生命讓我救回了我的右手，也在意料之外，訓練了一個最佳候補球員的左手。

放下與拋下

放掉情緒的速度，
就是人生前進的速度

數位相機跟手機拍照這麼發達的時代，大家對拍照都熟能生巧。拍照時，我們會透過觀景窗捕捉最美好的光線、構圖與人物神情定格留下來，將周遭的髒亂或不美好隔開，不讓那些進入畫面裡，時間一久，資料庫裡珍藏的，都是快樂精采的回憶及畫面故事，不甚美麗的，一件都不留存。人生也是一樣。當我們經歷了一件事，我們應該捕捉事件中最精華、最值得學習的部分，放在心底留存，並捨離那些粗糙的過程、負面的情緒與不愉快的感受。放掉的速度愈快，人生前進的速度就會愈快。

　　如果都不放下，那些不乾淨、不舒服、雜質一樣的東西會一直積在心底，成為累贅，成為沉重的負擔，拖慢前進的

　　　　　　　　　　　「懂事」總經理的 30 個思考

腳步。甚至，還會扭曲我們的個性，把我們變成自己也不喜歡的樣子，就算旁人也會唾棄我們。

一個好朋友介紹我認識世界知名的插畫家桑貝，在看完他幾本插畫書之後，備受鼓勵。他的畫總是帶給我們溫馨與療癒，但我後來才知道，他其實有個不快樂的童年，成長於貧窮、暴力的家庭。但他沒有自暴自棄，而是安住進自己幼小腦袋裡想像的世界，想像自己很富有，想像家庭很和諧，想像人生很美好。他把想像畫成插畫，透過畫畫賺到錢，養活自己，漸漸成為知名的插畫家。雖然經歷了童年的陰影，但他的畫作依然朝向人生中美好的瞬間，依然撫慰人心。他跳過真實生命給他的難堪，放下陰暗處曾有的恐懼與自卑，緊緊抓住那些少少的可以實現自己的、那精采的部分，沿著夢想的枝椏向上攀升，最終成為國際級插畫大師，受人推崇。

這是「放下」藝術的生活實踐。注視著美好的部分，聚精會神捕捉它、追隨它，不被更多不美不好的現實干擾，只將心力的種子撒在有養分的土地上，不浪費力氣難過傷悲，而全神栽植灌溉。

「放下」是讓我們飽經風霜也能輕盈，能輕盈地走路，輕盈地跑跳，輕盈地飛翔的絕招，是有智慧的絕招。

有些人學不會放下，總是沉浸在不快樂裡，舔舐著內心的委屈，以為這樣可以讓傷口痊癒。學不會放下的人肩膀會愈來愈沉重，最終被拖垮。瀕臨崩潰之際，可能就會拋下、逃跑，以為困難會消失或是解決，殊不知始終沒有學會從那個跌倒的地方昂首爬起。

　　每一份工作都有「喜歡」與「不喜歡」的層面，沒有一百分的工作。一份工作如果有三成不喜歡，意味著有七成是喜歡的，在我的定義中，就可以算是相當理想的工作了。有些人著眼於喜歡的那七成，對另外三成一笑置之。但也有人無法安住於喜歡的七成，從中學習、精進，反而因為那三成的不開心而繃緊神經。

　　無法與「少部分不喜歡」相處的結果，多半是頻頻換工作。我有個朋友，離開某個公司二十年後，又回到原公司應徵經理的職位，那個行業的經理只是專案負責人，並不是重要的管理職。中間二十年裡他轉換過不少行業，每次都只待一兩年便做不下去。但他選擇的每一次工作的經驗，多半無法幫助他在下一次工作基礎上往上爬。於是儘管有二十年工作經驗，他卻在任何領域都無法蓋起名為「專業」的大樓。談起這段過往時，他對每一份工作的意見都是「缺乏空間，

沒有發展，所以想再換」。他遇到瓶頸時不會跟公司討論，請教主管或前輩，而是直接走人。幾經轉換後，他覺得還是喜歡原本的行業和公司，所以又回去應徵。但因為過去的工作經驗都在執行層面，沒有策略與經營的經驗，所以即使回到原公司應徵，也無法提升到比較高階的工作，他期望的較高薪資也無法實現。

我們總是很容易知道自己不喜歡什麼、不要什麼，但捫心自問，我們真的知道自己喜歡什麼、想要什麼嗎？前者可以很快判斷，後者卻要花時間找尋。如果沒有給自己足夠的時間，貿然下判斷，就很容易成為習慣性不顧一切拋下的人。一個習慣性拋下的人，必然難以累積，這很可惜，對職涯發展是非常不利的。

真的很茫然的時候，逃避一下也是辦法，不要直接辭職。利用年假先抽離幾天好好思考，或跟主管討論，聽聽前輩的看法，都是不錯的方式。但逃避必須有期限，否則就跟拋下沒兩樣了。讓自己離開每日浸潤的情緒，轉換一下視野和心胸，能幫助自己看得更清楚。但期限到了，就要回到工作上繼續嘗試，繼續努力，繼續找答案，繼續自問：眼前的障礙是困難，還是死角？我的感受是出於膽怯，還是渴望更勇敢？

我到底要什麼？我究竟喜歡什麼？為了目標，我可以付出什麼、不計較什麼？

　　停、看、聽、問，是有效的方法。迷惘、混亂的時候先暫停一下，不要在 GPS 還沒定位好位置就往前衝，那很容易開錯方向。停了之後要看，觀看自己處於什麼狀態，看看周遭是什麼狀態，試著分析。聽，聆聽自己的聲音，聽聽你的混亂來自什麼？恐懼來自什麼？問，自問，問自己這些問題的答案，也去向你信賴、敬重、有智慧的人請益，問他們遇到同樣的狀況時會怎麼做，透過跟別人對話，回頭看到自己的盲點。

　　這個過程中，苦惱、害怕都是正常的，每個人一定都會經歷。不要讓這些成為你拋下的藉口。跨過它，給自己時間，答案會逐漸顯現。

成就與成長

我學歷裡獨缺博士，
在工作上卻坐擁三博

2018 年在台中舉辦的國級花卉博覽會是公司承接的一個大型專案，花卉環保界的奧林匹克等級活動，也是台灣第二次舉辦，第一次由台北市主辦，我有幸參與兩次。台中花博定位在集團大中華區莊淑芬副董事長的領軍下完成並展開 CIS 設計及接續日本韓國的國際傳播。開展前，我因而有機會跟著一群國手級設計師在開幕前預覽整個展場及軟硬體呈現。

　　「聆聽花開的聲音」是我們的品牌定位，整體設計在花博總設計長吳漢中，他曾是台北世界設計之都的執行長，設計界有美學 CEO 之名的吳漢中博士帶領國際及台灣最好的各式設計師團隊依據在這個主軸概念下，完成各展區的設計及執行，其中包括由打造世大運聖火台的台灣藝術團隊豪華朗

機工所設計的地表最大機械花，以及一連串由科技、花藝、農業、美學所共同創造出來的成果。

　　預覽當天在每一位投入超額心血及時間的展區設計師們親自導覽解說全程，整個參觀的過程非常動容，更因為浸入其中，眼角濕潤了好些時候，感動自己不只是參觀了一場世界級的博覽會，整個展區關於對生態的尊重，對自然的保護及對生活的實踐，充滿了最新科技展現的景觀美感，建築空間，人文層次及最最重要的──可以永遠流傳於世的台灣花博故事，無疑是最成功的體驗行銷。當時我想，如果我的人生就到此為止，工作上我應該沒有遺憾了，為什麼呢？我一直渴望在職業生涯中留下一些印記，留給自己，未來值得拿來跟後代子孫炫耀的印記（哈），世界級的博覽會就是最好的印記之一，超級幸運的是，我的人生中目前已有三座。

　　第一座，是 2010 年的台北國際花卉博覽會，是台北市第一次承接這麼大的國際活動，當時市長是郝龍斌。同年的上海世界博覽會，是台灣自 1970 年在日本大阪舉辦的世界博覽會之後，暌違四十年首度參加，那次奧美也協助台灣外貿協會規劃執行台灣館的整體行銷宣傳工作。第三次就是 2018 年的台中國際花卉博覽會。這三次博覽會，我們的團隊都承接

了無比重大，攸關成敗的任務使命。

　　第一次接觸博覽會，我們對真正的博覽會概念還很模糊，於是頻頻跟主事的長官們討論，並探訪各方專家，閱讀各種國際案例，做過許多市場調查，不斷思考台北如何透過承辦這等國際活動，向世界綻放光彩及能量。除了台北市，台北花博應該帶給北台灣，整個台灣，亞太區域什麼樣的影響力？如何展示一座城市的發展與進步？應該達成哪些指標？最後，我們決定從自然、環保、永續的角度來呈現一座城市，設計了一個芽比的種子吉祥物，陪伴原本的花博花仙子，作為視覺的展現。並在活動結束後，延續這樣的定位，做為城市發展的方向。所以這個 event 同時具有承先和啟後的雙重功能，是讓民眾透過體驗與實踐，一同塑造城市發展最具體的方式。那是第一次，我對於台北到底要成為一座怎樣的健康城市，投注極度的關切。那也是我第一次，接下輪廓不清楚、壓力極大的國際活動案，然後一步一步找到線索，制訂方針，展開執行步驟。當時深深覺得，相較於我的貢獻，我學到的更多。

　　在這次的基礎上，我們繼續協助中華民國外貿協會展開上海世博會台灣館的定位工作。上海世博台灣館與台北花博

的意義不同，台北花博是展現台北，間接向來自世界各地的參觀者呈現台灣，但上海世博的台灣館無異於在兩岸政治敏感的邊界上，出「國」比賽，宣揚「國」威。我感受到強烈的使命感，要在上海這個國際城市展台上，讓世界看到台灣的獨特與美好。因為有台北花博的經驗，我們對於博覽會的體認由陌生到深刻，也明確知道怎麼做可以達成任務。我們與李祖原名建築師、范可欽創意神人的團隊一起工作，透過代表台灣祈福意境最具指標的天燈造型館場，快速傳達台灣人純樸、重情、愛好和平的民族個性。團隊更將台灣館的宣傳主軸定位訂為「Make a Wish」，一方面配合主視覺，同時表達台灣雖小，面向世界的心願和行動力從來不小的信念，台灣人是敢於許願，也勇敢實踐的民族。在工作過程中，一種榮耀感油然而生，清楚感受到我們的是讓全世界認識的台灣的媒介。

一直以來，對博覽會有興趣的民眾多半有點年紀，年輕人則興趣缺缺。我們為了打破疆界，首次以主題曲來宣傳博覽會。我們請方文山創作，請蔡依林演唱，這首〈台灣心跳聲〉迅速在網路上被分享，得到年輕人的認同。在所有參與團隊共同的努力下，台灣館成功吸引了國際的目光，贏得好評，

也讓台灣民眾感到驕傲。那時，我深刻感受到，我的工作能讓我 do something big，能真實地幫到社會與國家形象提升的感覺真會令人上癮。

台中花博，是台灣第二次舉辦博覽會，對我們的挑戰是：同樣的產品做兩次，我們如何做出新意？這次奧美投注了全集團的資源，品牌策略團隊運用「品牌大理想」把博覽會的層次帶到另一個境界。過去我們著眼於凸顯台灣與其他國家的差異，這次則運用品牌理想的概念，直接將花博定位為「聆聽花開的聲音」，它是 green、nature、people 三個元素的合體。我們的步伐愈踩愈高，夢愈做愈大，實現之後的影響力也愈來愈大，所以那天參觀園區時我非常感動——那麼多精采的團隊完成了精采的作品，實踐了花博的理想；回想我們從對博覽會一知半解，到有能力撐起這麼大的一片天空，我們的成長幅度與無限可能性令我感動；看到台中即將因而散發的光亮，台中市民的自信，凡此種種都令我感動。

奧美團隊在這三次博覽會經驗中學習、成長，這三次博覽會也展現了奧美的成就及給予個人帶來成長。看著台中花博的 logo 在會場中飛揚，我再一次對我的工作及貢獻引以為傲，並且心懷感謝客戶們給我世界舞台及無價寶貴的機會。

意義與意志

意志

管住自己的內心
就管得住全世界

意義與意志，一個是結果，一個是策略。

　　有些朋友遇到要上班就喊苦，要放假就歡呼，工作時唉聲嘆氣，休假時四處玩樂，假期將盡時就狂 post 臉書厭世文，颱風季節就盼望放颱風假。像這樣認為只有假日才是人生，卻不得不花最多時間做著不開心的工作，是多麼難受的事。請不要誤會，我也喜歡強颱時放安全假，但總覺得用這樣的心態每天工作著實太辛苦！

　　這讓我想起去年年中去參加一個女性創意競賽説明會，其中一位年輕創業家分享她未創業前在前東家上班的日子。她説她當時每天盯著手機上的時間，只要一上滿八小時，下一刻就急忙離開辦公室；一旦等到颱風假，感覺像中了樂透

一樣歡喜。一直到後來，她跟夥伴創業了，每每遇到颱風，就暗自祈禱千萬不要放假，因為只要一放假，那需要新鮮送達客戶端的食材，就沒人可以運送，不僅擔心會壞掉，而且這個月的業績就會受影響，薪水就可能發不出來。同事的生活會不會受影響，公司會不會倒，自己的付出會不會白費等等的擔心，讓她易位思考，感覺到一位創業者的重大責任，夢想及懷抱的遠大理想。

在奧美，我們不斷地提出理想存在的必要，特別是對品牌而言。

龍騰文化，是高中教科書的龍頭品牌，在數位化教育趨勢及 108 課綱政策推動下，感受改變的需要，源頭就是再尋品牌與時俱進的意義，本意關注教育本質，為教育貢獻，為師生負責，初衷不變的情況下，希望透由龍騰品牌大理想，呈現龍騰品牌 DNA「專業、理想、啟發」，專業是我們團隊的結晶，啟發是我們創新的能力，理想是龍騰的使命，而帶出龍騰是引領改變的理想家，找到龍騰存在的大理想：龍騰文化相信，如果每個人都能變成更好的自己，世界將會更美好。因而發展出動人的品牌故事：

人　為什麼學習　為什麼尋找答案

因為　我們總不斷地發現

發現問題　發現解決問題的能力

發現自己　甚至是　發現自己的各種可能性

當知識給人力量　教育讓未來無可限量

每顆渴望答案的心　都不該被標準答案擊敗

孩子透過學習　就能到達想去的地方

我們　將透過教育　為每個人找到屬於自己的方向

每一次邁開腳步　都能往理想中的自己靠近

每一次翻開書本　都能啟發世界最好的一面

我們相信　只要在學習的路上　就能找到心之所向

世界很大　未來很長

在面對挑戰之前　在對與錯之外

肯定自己　就是最好的答案

肯定自己　肯定不同

　　這裡面倡議的理念：教育究竟是美好世界的開端，還是製造考試機器？究竟教育是教書？還是教人？第一線的老師往往在現實與理想中拉鋸，在兩難中掙扎，這也是每個教育工

作者心中《最難的一堂課》。因而也創造出在 2019 台灣的 4A
廣告創意獎金獎及中國 4A 全場最大獎的最佳作品，成為兩岸
最強的創意指標。

　　透過這個主題，龍騰文化以影片發聲，描述在社會壓力
和考試制度下，許多兩難正不斷考驗著教育者。原本在台上
授業解惑的老師，自己卻面臨著不為人知的難題，更尋找不
到答案。因此，龍騰文化邀請老師們回到講台上，以真實訪
談方式，揭開一題又一題在教育者身上發生的兩難。用「最
難的一堂課」讓社會大眾看見教育背後原本就無標準答案，
唯有當老師找回初衷，肯定自己，才能讓教育帶來無可取代
的力量，肯定不同。整個影片推出引起教育界眾多的討論與
分享，也引起了許多媒體的報導。在幾乎沒有媒體廣告的投
放下，七天出現百萬自然點閱數，正面有質感的口碑爆棚。
這是品牌存在於世界，除了賺錢以外的最高意義。

　　只要你工作的行業不是當紅炸子雞，你就難免不斷被問
到行業存續的問題，或許也會不斷自問。就算你所處的行業
正值浪潮之尖，若不符合你的志向，你也得不到樂趣，找不
到成就感，工作於是變成一種酷刑。

　　能夠讓人從這兩種侷限中超脫出來的，便是工作的意義。

自開始工作第一天開始，至今已經超過二十六個年頭了，我覺得神奇的是，直到今天，每天只要鬧鐘一響，我大多是立即起身，啟動隨時可以開始工作的模式。眾人常問我，我的工作內容動腦又傷神，同時壓力又極大，我是怎麼撐下來的？

　　當工作要用「撐」來形容狀態時，我感覺就不如歸去了吧！從最初到現在，我都真實地相信工作是要來實現的，實現個人的信念及價值觀，這樣才能有足夠的意志力，度過所有的困難及挑戰，完成不斷成長的目的。如果要形成這種正面的循環，尋求工作的意義，就是首要任務。

　　選擇擔任一個品牌行銷及形象顧問的工作，我常思考，我是如何幸運地走上這條無悔而正確的道路，答案是價值觀。我常將價值觀比喻成 GPS，它會引導不論生活的方向如何混亂及不確定，總是會將方向指引到一條最適合自己的道路上。追究我的本質，我是一位利他主義者，喜歡幫助別人，感恩受助，創意思維，願景導向及對未來抱持無限希望的人，我鮮少抱怨生活的苦悶是因為與其浪費時間抱怨，不如趕緊想辦法解決眼前問題，比喻成電玩裡面的打怪闖關，完成任務後就能晉級，進升之後，不是順遂，反而出現更大隻的怪物

在眼前要消滅，很像人生，困難接二連三，愈來愈大，反而讓自己意志堅定，戰力變強，不斷進化，這才是勝利關鍵的虛寶。

所以凡事回歸基本面，我為什麼喜歡我這個超級辛苦的工作？若硬是要後見之明的理性分析，除了是我的直覺之外，還有三個「美麗」的原因吧：

第一：我的工作旨在發掘客戶品牌中的美好，放大這些美好，找到對的定位，然後制定對的訊息，對的內容，透過對的渠道，傳播給對的人，這是「言人之美」。

第二：我的工作在協助品牌建立良好形象，創造成長業績，而我最大的成就感，是看到客戶生意變好，作品得獎，升官發財，而夥伴有所成長，老闆顏面有光，這是「成人之美」。

第三：我的工作所規劃的品牌傳播內容，需要提出品牌主張及倡議，對廣大社會大眾及消費者負責，因此，誠實、坦誠、誠懇是必備的態度，不論是我的本質亦是工作的內化，都需實踐「誠人之美」，發揮正面社會影響力。

以上三個原因，成就我的墓誌銘上希望最後刻上的字句，而且我期許運用我的過去，現在及未來，終身力行，這是謝

馨慧的個人品牌大理想：

　　謝馨慧相信，只要秉持

　　在生活上言人之美，

　　在工作上成人之美，

　　在生命價值上實踐誠人之美，

　　幫助別人成功，世界會更美好。

　　有了意義，工作才能跨越辛苦，跳脫比較，停止懷疑，從怠惰中抽身而起。找到了意義，意志力便會湧現，支持你不喊苦，累了休息一下再出發；支持你不比較，因為你的堅持有獨特的價值；支持你不懷疑，當疑念升起，你會回歸初衷，重新找到更堅實的力量；支持你不懈怠，調整好腳步，堅定向前。

後記

　　我已用這一整本書來分享我現在所懂得的事，以及我這麼熱愛並投入工作的諸多理由。如果要真正歸納出一個重要結論，而且是最重要的熱情所在，那就是：

　　1. 自我不斷學習，持續強化重要的專業及核心能力，永遠創造了個人不同階段中最佳被利用價值，我期許自己成為公司、老闆、客戶眼中的「千里馬」。

2. 同時，我也充分被期待並被授權，全力發展公司及產業的優秀人才，給予機會及舞台讓他們發光發亮被看見，好好利用他人長處及優點，確認自己成為一位眼光卓越，獨特非凡的「伯樂」。

　　「我既要是一匹千里馬，也希望是個好伯樂」，這個目標讓我願意長長久久甘願投入貢獻職場，而且真正樂在工作，這是我對職業生涯的終身承諾。個人就是因為充分了解個人終身工作的動機及目的地，也理解了正向工作的態度可以帶給生活及人生種種好處，甚至這一場工作戰役到底是為何而戰，為誰而戰，該有的犧牲及互相交換什麼來成就彼此，漸漸有所體悟調整思維作法之後，整個旅程逐漸呈現一種豁然開朗的格局，困難來一個殺一個，誘惑來一個擋一個，有著一種無所畏的氣勢，雖然每天的難關，說真的，一個也沒少過。

　　撞牆是應當，卡關是必然，世上沒有一人能躲過，讓我成為你的伯樂，用我的故事助你一臂之力，希望，下一個幸運的人，正是你。

我的總經理媽媽

文／謝采翰 Roy

● 又文青又囉嗦

她絕對是史上最文青的媽媽，她從不追劇，不過，從我上國中以來，帶著我看非常多老片和小說，像是《山居歲月》、《美好的一年》，就算有時她會因為我不專心而生氣碎碎念，但我知道她是關心我。我真的很慶幸有一個總經理媽媽，隨時隨地可以給我不同想法，當我有不懂的事情，建議我下一步怎麼做，也常常告訴我做事情不要急，慢慢來，一定要把事情做好，以後出了社會才不會容易出錯。

● 又獨特又瘋狂

她很獨特，雖然時時叮嚀我要讀書，但也常常鼓勵我去做一些瘋狂的事情。去年暑假，朋友找我一起跟學校團體去美國西雅圖 DigiPen 學習遊戲程式兩個星期，媽媽竟然答應了，我就這麼跟學

校朋友在外國獨立生活了兩週，這是我第一次沒有跟媽媽出國。還有前年我小學畢業，她帶我去尼泊爾偏僻高山上的英文小學，幫助當地的小孩，我當了人生中第一次的志工，嘗試用英文教導當地孩童，實在不可思議。

很愛交朋友又是我朋友

我的媽媽非常會交朋友，連我同學都跟她很熟。她常常告訴我交朋友很重要，但要交對朋友，可以互相陪伴，也可以一起成長，就像媽媽常說，她現在的工作需要非常多朋友的幫助，她也很謝謝他們。總而言之，她教我友誼很重要。

又麻煩又關心

有時候媽媽很煩，常常問東問西，但我漸漸知道，她其實只是想要關心我，想知道一些時下潮流，來陪伴我成長。我還記得小時候走路去搭校車時，我都是閉著眼睛頭靠在媽媽的肩膀走，我多麼希望我可以與媽媽這樣走下去。只是時光飛逝，我長大了，學會成熟獨立了，媽媽再也不需要送我上學，接我放學，我多麼想念媽媽陪我的那段時光，每天一起走路，一起睡前讀繪本的日常。

● 我的樹洞和加油站

媽媽也是我最好的聊天夥伴。我常常會把不開心擺在臉上不說出來，但總是一回到家就被媽媽一眼看穿。當她問我怎麼了，我常常都說沒事，見我還沒心情談，她也不再多問，只說「你先靜一靜吧」，讓我有沉澱的時間和空間，等我心情好一點後，就會跟媽媽訴說今天發生了什麼事，最後都是完美收場。

● 不完美但努力

我不能說她是最完美的媽媽，但我可以說她是一個非常努力的媽媽，不管我傷心開心都陪在我身邊，陪我度過許多難關，陪我一起往未來的目標邁進，雖然我知道媽媽不可能永遠陪在我身邊，但我知道只要我把握當下，我就不會後悔，我們還有很長一段路要走，要一起努力成為更好的自己。

「懂事」總經理的
30 個思考

作者— 謝馨慧
主編— 楊淑媚
行銷企劃— 謝儀方
設計— 張巖
攝影— 李開明
妝髮— 陳青靖 Ginger
服裝— 閔閔
校對— 謝馨慧、楊淑媚

第五編輯部總監— 梁芳春
董事長— 趙政岷
出版者— 時報文化出版企業股份有限公司
　　　　108019 台北市和平西路三段二四〇號七樓
發行專線—（02）2306—6842
讀者服務專線—0800—231—705、（02）2304—7103
讀者服務傳真—（02）2304—6858
郵撥—19344724 時報文化出版公司
信箱—10899 臺北華江橋郵局第 99 信箱
時報悅讀網—http://www.readingtimes.com.tw
電子郵件信箱—yoho@readingtimes.com.tw
法律顧問— 理律法律事務所　陳長文律師、李念祖律師
印刷— 勁達印刷有限公司
初版一刷— 2020 年 8 月 14 日
初版五刷— 2020 年 9 月 29 日
定價— 新台幣 380 元

時報文化出版公司成立於一九七五年，並於一九九九年股票上櫃公開發行，於二〇〇八年脫離中時集團非屬旺中，以「尊重智慧與創意的文化事業」為信念。

「懂事」總經理的 30 個思考／謝馨慧作 .-- 初版 .--
臺北市：時報文化，2020.08 面；　公分
ISBN 978-957-13-8314-9(平裝)
1. 職場成功法 2. 生活指導
494.35　　　　　　　　　　　109011109